机械故障诊断的复杂性理论与方法

郑近德 潘海洋 童靳于 著

机械工业出版社

本书对复杂性理论与方法及它们在机械故障诊断领域的应用进行系统论述。全书共 7 章，主要介绍包括多尺度模糊熵、多尺度排列熵、多尺度散布熵、自适应多尺度熵等在内的多尺度复杂性理论，以及它们在机械故障特征提取与诊断中的应用等内容。本书是在国家自然科学基金、国家重点研发计划和安徽省自然科学基金等课题的支持下完成的，研究内容是目前国内外信号处理和故障诊断研究的新方向。

本书的特点为理论研究、仿真和试验验证相结合，内容新颖，在信号处理和机械故障诊断学科中具有较高的学术前沿性；在系统研究多尺度复杂性理论的基础上，提出一系列基于多尺度复杂性理论的机械故障诊断方法，内容由浅入深、体系完整。所提出的方法皆通过了试验验证，有的已被应用到实际工程中。

本书既可供各类院校教师、研究生和高年级学生阅读，又可供从事信号处理和机械故障诊断的技术人员参考。

图书在版编目（CIP）数据

机械故障诊断的复杂性理论与方法/郑近德，潘海洋，

童靳于著 . —北京：机械工业出版社，2023.6（2024.8 重印）

ISBN 978-7-111-73087-3

Ⅰ . ①机…　Ⅱ . ①郑… ②潘… ③童…　Ⅲ . ①机械设

备-故障诊断　Ⅳ . ①TH17

中国国家版本馆 CIP 数据核字（2023）第 074196 号

机械工业出版社（北京市百万庄大街 22 号　邮政编码 100037）
策划编辑：刘元春　　　　　　责任编辑：刘元春
责任校对：郑　婕　王明欣　　封面设计：张　静
责任印制：郜　敏
北京中科印刷有限公司印刷
2024 年 8 月第 1 版第 2 次印刷
169mm×239mm · 11.75 印张 · 189 千字
标准书号：ISBN 978-7-111-73087-3
定价：59.00 元

电话服务　　　　　　　　　　网络服务
客服电话：010-88361066　　　机 工 官 网：www.cmpbook.com
　　　　　010-88379833　　　机 工 官 博：weibo.com/cmp1952
　　　　　010-68326294　　　金 书 网：www.golden-book.com
封底无防伪标均为盗版　　　　机工教育服务网：www.cmpedu.com

前　言

　　机械装备是现代制造工业的基础。随着装备向复杂化、精密化和智能化方向发展，开展机械装备早期故障的监测与诊断研究，对保障我国现代工业中大型机械装备的安全、可靠和正常运行具有重大的现实意义。

　　振动分析是机械装备及其关键部件状态监测与故障诊断的主要手段。然而，振动信号非线性强、背景噪声干扰大、信号特征微弱，这为故障特征的有效提取带来了极大的困难。因此，如何从包含强背景噪声的信号中提取微弱的故障特征并进行识别，是进行机械装备状态监测与故障诊断的关键。

　　鉴于机械装备及其关键传动部件出现故障时，其动力学行为往往表现出非线性和非平稳特性，由此导致振动信号也呈现出自相似性和不规则性等非线性特征。复杂性理论，特别是在分形维数和信息熵基础上发展的多尺度熵理论，因能够定量表征时间序列的不规则性特征和揭示隐藏在时间序列中的非线性动力学行为，而被应用到机械装备故障诊断领域。

　　事实上，振动信号故障表征的复杂性理论主要基于如下理论基础：首先，振动信号的复杂性表明机械系统在不断变化工况中的适应能力和运行能力；其次，振动信号特征是跨时间尺度的，相应地，其复杂性也是多尺度的和分层次的；再次，故障状态降低了系统的适应能力，也会削弱输出变量所携带的信息。目前，机械故障诊断领域常用的基于熵理论的复杂性评估方法主要包括两大类：一是基于重复模式评估（即相似性理论）建立的近似熵、样本熵、模糊熵和符号熵及它们的多尺度形式，这类方法基于嵌入理论与相空间重构，通过相空间模板匹配来衡量时间序列的自相似性；二是基于时间序列空间特性建立的排列熵与多尺度排列熵方法，以及在其基础上发展的多尺度散布熵等，这类算法基于相邻幅值的大小关系，能够有效检测时间序列和振动信号的随机性变化和动力学突变行为。

　　本书作者在国家自然科学基金（编号：51505002、51975004）的资助下，开展了多尺度复杂性理论的研究，并对其理论进行深入探索和完善。在此基础上提出了一系列基于多尺度复杂性理论的机械故障诊断的新方法。

目前，多尺度复杂性理论已经被逐渐应用到生物信号处理、机械故障诊断和结构损伤检测等多个领域，但相比之下，近年来在机械故障诊断领域应用较少的状况，吸引了越来越多学者的关注。截至目前，还没有研究和介绍多尺度复杂性理论的著作问世，本书正是在这样的背景下完成的。

本书以理论研究和实际应用为目的，探究多尺度复杂性理论的基本原理及其在机械故障诊断中的应用。全书共 7 章，第 1 章重点介绍非线性动力学方法及复杂性理论在机械故障诊断领域的应用现状；第 2 章介绍基于熵的复杂性理论方法；第 3 章介绍基于多尺度模糊熵的机械故障诊断方法；第 4 章介绍基于多尺度排列熵的机械故障诊断方法；第 5 章介绍基于多尺度散布熵的机械故障诊断方法；第 6 章介绍基于自适应多尺度熵的机械故障智能诊断方法；第 7 章介绍其他复杂性理论与方法。本书既可供各类院校教师、研究生、高年级学生阅读，又可供从事信号处理和机械故障诊断的技术人员参考。

本书由安徽工业大学郑近德、潘海洋和童靳于著。郑近德负责统稿，并撰写了第 1~5 章和第 7 章（部分）内容，潘海洋撰写了第 6 章，童靳于撰写了第 7 章（部分）内容。在整理书稿的过程中，得到了研究生应万明、陈焱、丁文海、曹仕骏、李嘉绮、候双珊和孙壮壮等的热心帮助。

此外，在本书写作过程中，得到了湖南大学程军圣教授、苏州大学沈长青教授、西北工业大学李永波教授等的指导和大力支持，在此向他们表示衷心的感谢。

限于作者水平有限，书中难免存在不足之处，恳请广大读者批评指正。

作　者

目　录

第1章

绪论

　　机械装备传动系统，如汽车变速箱、高速列车轴箱、起重机减速器、风电增速箱、轧机减速机等，由于受到加工制造、安装、使用环境和负载等因素的影响，以及处于长期非平稳运行状态并具有结构高度复杂化的特点，使得这些机械装备传动系统关键部件发生故障的可能性及故障类型的复杂性不断增高。由此，故障的产生将会导致整个生产流程中断和产生重大经济损失，甚至造成人员伤亡。因此，对机械装备传动系统及其关键部件运行状态进行监测，并采取有效的技术手段实现早期故障的检测和预警，对于保障设备的稳定、可靠和安全运行具有重要的理论研究意义和工程应用价值。

　　机械故障诊断技术是识别机器或设备运行状态的主要手段，其步骤主要包括信号采集、特征提取、状态识别和诊断决策，其中故障特征的精确提取是关键环节[1-3]。当机械系统发生故障时，系统的动力学行为往往表现出非线性、非平稳性和非高斯特性，由此导致振动信号也呈现自相似性和不规则性等非线性特征。以信号处理技术为基础的设备状态特征提取是实现机械故障信息表征的主要途径。因此，如何从这类振动信号中提取非线性故障特征是故障诊断和预测的关键。

　　非线性动力学方法因其能够描述和揭示系统内部的非线性动力学特性，而被广泛地应用于机械设备状态监测与故障诊断中，这些方法的引入极大地丰富了故障诊断与分析的技术和手段。

　　本书重点介绍一些常用的非线性动力学方法，和非线性动力学方法中特别重要的复杂性理论，以及它们在机械故障诊断领域的应用。

1.1 非线性动力学方法

在非线性动力学分析方法中，常用于描述系统复杂性的特征参数主要包括李雅普诺夫（Lyapunov）指数、分形维数和 Kolmogorov-Sinai 熵（KS 熵）等[4-9]。

Lyapunov 指数常被用来量化初始闭轨道的指数发散和估计系统的混沌量，从整体上反映动力系统的混沌量水平。从 1985 年沃夫（Wolf）等提出 Lyapunov 指数的数值计算方法至今，最大 Lyapunov 指数、Lyapunov 指数谱和局部 Lyapunov 指数在各个领域得到了广泛应用。为了定量地描述客观事物的"非规则"程度，数学家从测度的角度引入维数概念，将维数从整数扩大到分数，从而突破了一般拓扑学中集合维数均为整数的限制。整数维数包含在分数维数中，相对于整数维数反映对象的静态特征，分数维数表征的则是对象动态的变化过程。将分数维数扩展到自然界的动态行为和现象中，就是自然现象中由细小局部特征行为构成整体系统行为的相关性的一种表征。因为 KS 熵可以判断系统运动的性质，所以通过计算 KS 熵，可以判断系统做规则运动、随机运动还是混沌运动。KS 熵和 Lyapunov 指数有着密切关系，在一维情形下，KS 熵等于最大 Lyapunov 指数，而在高维情形下，KS 熵等于所有正 Lyapunov 指数的和[10-13]。

虽然上述非线性动力学方法在生物信号处理、设备故障诊断以及结构损伤检测等领域已有广泛应用，但是这类方法均有一个共同点，即通过相空间重构的方式来描述系统的动态特性。依据相空间距离计算的动力学参数要求系统的吸引子是稳定的，而且目前的计算方法都要求有足够的数据长度。对于机械振动信号而言，大部分信号是非线性和非平稳的，而且样本长度一般也是有限的，因此数据长度和稳态性都很难满足现有计算方法的前置条件[14]。同时，大多机械振动信号一般都是通过在机械设备表面安装传感器进行采集，因此，不可避免地会受到背景噪声干扰，这使得采用非线性动力学参数的方法处理机械振动信号会面临较大困难，因此有必要研究新的方法来处理包含噪声的短数据的非线性动力学参数。

近年来，基于信息熵发展而来的复杂性理论，因其能够揭示隐藏在时间序列中的非线性动力学行为并能够定量表征时间序列的不规则性，而被相关学者用于表征旋转机械的非线性故障行为表征。与传统基于统计特征分析的特征提取方法相比，基于熵的非线性动力学复杂性度量方法具有噪声鲁棒性强、分类精度高、所需数据量少和独立于先验知识等优点。设备故障诊断领域常用的基于熵的复杂性度量方法主要有基于重复模式评估（即相似性）建立的近似熵、样本熵和模糊熵，以及基于时间序列空间特性建立的排列熵和散布熵等[15-23]。

1.2　基于熵的复杂性理论发展历程

熵本质上是一种统计指标，其通过考虑时间序列的非线性行为来量化复杂性并检测时间序列的动态变化，它不依赖于线性假设，非常适合用于区分规则、混沌和随机行为。与传统统计指标相比，熵可以直接用来检测时间序列的动态变化并量化系统的复杂性程度，而这对于传统的统计指标来说是几乎不可能的。

信息熵由香农在 1948 年提出[24]，最初是用来解决信息的量化和度量问题。如果某事件具有 n 种独立可能状态，分别为 $X_1, X_2, \cdots, X_n$，且每一种结果出现的概率为 $p_1, p_2, \cdots, p_n$，则 $\sum_{i=1}^{n} p_i = 1$。香农熵利用事件状态的概率分布来估计复杂性，定义为 $H = -\sum_{i=1}^{n} p_i \ln p_i$。对于给定的时间序列，如果不同状态的概率值相似，则难以确定未来状态，因此该时间序列具有最大的熵值。相反，如果只有一种状态，则时间序列具有最小的熵值。

受香农熵的启发，KS 熵在复杂性理论中特别是在动力系统的研究中逐渐发展起来。随后，平卡斯（Pincus）[25]提出了近似熵（Approximate Entropy，ApEn）的概念，近似熵的构造方法类似于 KS 熵，其用来量化时间序列的不规则性和自相似性。近似熵一种度量时间序列复杂程度和进行统计量化的规则。近似熵通过一个非负数来定量表示一组时间序列的复杂性和不规则程度，熵值的大小与时间序列复杂程度呈正相关关系。近似熵的概念自提出以来，很快被用于各种带噪短数据信号的分析处理。与 KS 熵等非线性动力学参数相比，近似熵具有以下优点：①只需较短的数据长度，近似熵值即可趋于稳定；②具有较好的抗噪及抗干扰能力，特别是对偶发的瞬态强干扰具有较好的适应能力；

③对随机信号和确定性信号均适用，也可以用于由确定性成分和随机成分组成的混合信号，对于两者不同的混合比例具有不同的信息熵值。

尽管近似熵优于多种常用的非线性动力学参数，但其在计算过程中计入了向量的自身匹配，统计值是一个有偏的估计值。为解决这一问题，里奇曼（Richman）等[26]在2000年提出了样本熵（Sample Entropy，SampEn）。样本熵无须计算向量的自匹配，可以消除规律性偏差。与近似熵相比，样本熵不仅可以获得更好的相对一致性，同时对数据长度的依赖性更小。与Lyapunov指数、KS熵、关联维数等其他非线性动力学方法相比，样本熵具有所需数据短、抗噪和抗干扰能力强、一致性好等优点。但是，在样本熵的定义中，两向量之间的相似性度量是基于单位阶跃函数定义的，一般情况下，很难确定输入样本是否属于某一类。

为提高样本熵的性能，相关学者采用模糊函数代替样本熵中的阶跃函数，提出了模糊熵（Fuzzy Entropy，FuzzyEn）[27]的概念，解决了样本熵的突变性大和缺乏连续性等问题。在近似熵和样本熵的定义中，向量的相似性由数据的绝对值之差决定。但当采用的数据存在轻微波动或基线漂移时，则不能得到正确的分析结果。模糊熵通过均值运算，弱化了基线漂移的影响，向量的相似性不再由绝对幅值差确定，而由指数函数确定的模糊函数形状决定，从而将相似性度量模糊化。

排列熵（Permutation Entropy，PE）[28]是由班特（Bandt）和蓬佩（Pompe）提出的一种新的不规则性度量指标。与样本熵相比，排列熵通过考虑振幅值的顺序来评估动态特征，具有计算效率高、抗噪能力强等优点，但是排列熵忽略了部分幅值信息。针对这一问题，罗斯塔吉（Rostaghi）等[29]提出了散布熵（或称散度熵）（Dispersion Entropy，DE）的概念。散布熵因在测量振动信号的复杂度和随机性方面表现出优异的准确性、有效性和抗干扰能力，已被相关学者应用于机械设备及其关键部件的运行状态表征与早期故障检测。

上述熵值分析方法均是用来描述时间序列在单一尺度上的复杂性程度方法。但是研究表明，时间序列的复杂性和熵值大小没有绝对的对应关系。基于熵的传统算法可以用于衡量时间序列的有序性，随着无序程度的增加熵值也随之增加，且当时间序列完全随机时熵值达到最大值。但是，熵值的增加并不意味着动力学复杂性的增加，时间序列不仅在单一尺度上包含了丰富的系统信息，而且在其他多个尺度上也包含隐藏的重要信息。因此，只考虑单一尺度的熵值分析是远远不够的，有必要考虑时间序列在其他尺度上的信息。科斯塔（Costa）等[30]在样本熵的基础上，通过引入尺度因子，提出了多尺度熵（Multiscale Entropy，MSE）的概念，定义其为时间序列在不同尺度因子下的样本熵，几何意义可以表述为如果一个时间序列的熵值在大部分尺度上都比另一个序列的熵值大，那么就认为前者比后者复杂性更高。

由于熵分析方法对复杂系统具有适用性，因此其已被广泛应用于工业设备的健康状态监测和故障诊断，同时也被相关学者用于语言、生物、金融和其他领域复杂动力系统的复杂性研究中[31-35]。

1.3 复杂性理论在机械故障诊断领域的应用现状

为了提高香农熵的性能并实现更准确的复杂度估计，相关学者发展了多种熵方法。谱熵是香农熵的一种归一化形式，主要利用时间序列的功率谱振幅评估其规律性。小波熵[36]通过量化信号之间不同部分的相似度估计时间序列的复杂性，其具有计算效率高、噪声鲁棒性好以及无须预先设定参数等优点。赵光权等[37]基于本征模态函数，通过定义能量熵量化时间序列的有序性，提出了一种基于小波包能量熵与深度置信网络的轴承故障诊断方法。Rényi 熵[38]是香农熵的广义形式，可以量化时间序列的不规则性或随机性。在 Rényi 熵的基础上，詹森（Jenssen）等[39]开发了一种基于信息论的数据转换和降维方法，称为核熵成分分析。近似熵是平卡斯（Pincus）等提出的另一种用于量化时间序列的不规则性和不可预测性的非线性动力学分析方法。ApEn 通过嵌入维数 m 和相似度系数 r 来评估新模式出现的概率。由于相似度准则等价于时间序列的标准差，因此 ApEn 是一个尺度不变的指标。与 ApEn 不同，SampEn 在定义中去除了自匹配，还可以更准确地度量时间序列的不规则性，二者都在旋转机械的状态监测与故障诊断中得到了应用[40-43]。

由于从旋转机械中拾取的振动信号和故障信息往往隐藏在多个尺度结构中，这限制了上述熵值方法对于故障隐藏特征的提取性能。在此基础上，科斯塔（Costa）等提出了 MSE 的概念，用来估计时间序列在不同尺度上的动态特性。MSE 可以增强样本熵的物理意义和统计意义，但 MSE 仍存在如下缺陷：

①粗粒度过程导致数据长度随着尺度因子的增加而降低，这可能导致不准确的熵值估计；②MSE 可以视作低通滤波器，当执行降采样过程时，其不能有效抑制混叠；③时间序列的标准差可能随着尺度因子的增大而降低。为了解决 MSE 存在的问题，吴（Wu）等[44]提出了复合多尺度熵方法（Composite Multiscale Sample Entropy，CMSE）。复合多尺度方法考虑了具有相同尺度因子的所有粗粒度时间序列的 SampEn 值，可以得到更可靠的熵值结果。

此外，由于样本熵采用 Heaviside 阶跃函数衡量两个向量之间的相似性，而在实际应用中，各种故障状态之间的边缘往往较模糊，难以确定某样本是否完全属于某一类。为了解决这一问题，陈（Chen）等[45]采用指数函数代替 Heaviside 函数，提出了模糊熵的概念，且与样本熵相比，模糊熵对噪声具有更好的鲁棒性。为了提升模糊熵挖掘故障特征的能力，郑（Zheng）等[46-47]提出了多尺度模糊熵（Multiscale Fuzzy Entropy，MFE）和复合多尺度模糊熵（Composite Multiscale Fuzzy Entropy，CMFE）。

同时，为了衡量多通道时间序列的复杂性，阿扎米（Azami）等[48]将 MFE 扩展到多变量框架，提出了多元多尺度模糊熵（Multivariate Multiscale Fuzzy Entropy，MvMFE），通过考虑多通道数据的相互可预测性来测量其中的每个序列。然而，随着尺度因子的增加，所得到的 MvMFE 值在较大的尺度因子下会出现一些波动。为此，郑（Zheng）等[49]通过改进生成多元粗粒化时间序列的方式，提出了精细复合多元多尺度模糊熵（Refined Composite Multivariate Multiscale Fuzzy Entropy，RCMvMFE），并将 RCMvMFE 应用于滚动轴承的故障诊断，结果表明，与单通道分析方法相比，RCMvMFE 具有更好的故障特征提取能力和性能。

与近似熵、样本熵和模糊熵不同，在测量时间序列的不规则性时，排列熵只利用时间序列幅值的大小排序，具有更高的计算效率，且在时间序列的非线性失真下具有更好的稳定性。排列熵主要有以下 4 个优点：①具有较高的计算效率，可用于计算庞大的数据集；②具有良好的复杂度估计性能；③对噪声具有较好的鲁棒能力；④无须任何模型假设，适用于非线性过程的分析。由于排列熵对动态变化非常敏感，已被应用于旋转机械早期故障监测与诊断。但是，排列熵无法对特定的模式进行分类。为了综合考虑多个尺度下的故障特征信息，文献［50］将排列熵拓展到多尺度分析，提出了多尺度排列熵（Multiscale

Permutation Entropy，MPE）方法。在 MPE 的基础上，又发展了复合多尺度排列熵（Composite Multiscale Permutation Entropy，CMPE）方法，CMPE 在旋转机械的状态监测与故障诊断中也展示出了优越的性能[51-52]。

然而，MPE 分析可能会对短数据产生不确定的结果，以及平均化过程会导致一定的有用信息丢失。因此，郑（Zheng）等[53]提出了广义复合多尺度排列熵（Generalized Composite Multiscale Permutation Entropy，GCMPE）来估计时间序列的复杂度。与 MPE 相比，GCMPE 主要有两个优势：①GCMPE 使用复合多尺度分析来降低较大尺度下排列熵值的方差；②GCMPE 采用二阶矩（方差）代替粗粒化过程中的一阶矩，增强了故障特征提取能力。

虽然 SampEn 和 PE 是应用最广泛的两种熵指数方法，但是 SampEn 的计算效率较低，特别是在长时间信号分析中。此外，虽然 PE 比 SampEn 的计算效率高，其只利用了时间序列的振幅信息，容易受到噪声的影响。针对上述问题，罗斯塔吉（Rostaghi）等提出了一种衡量时间序列不规则程度的新指标——散布熵，散布熵具有更快的计算速度且考虑了幅值间的关系。在此基础上，多尺度散布熵、多元多尺度散布熵、精细复合多尺度散布熵等方法相继被提出，并已广泛应用于旋转机械的状态监测与故障诊断[54-56]。

为了克服传统复杂性理论方法易受到噪声干扰的问题，李（Li）等提出了动力学符号熵（Symbolic Dynamic Entropy，SDE），用于评估时间序列的动态特性。SDE 利用符号化过程消除背景噪声，并使用状态模式概率和状态迁移概率来保留故障信息。同时，SDE 在检测时间序列的动态变化方面具有更好的性能，且具备计算效率高、鲁棒性好等优点。此外，SDE 已经扩展为多尺度符号动态熵、精细化复合多尺度符号动态熵、层次符号动态熵和广义多尺度符号动态熵方法，已广泛应用于滚动轴承和齿轮箱的故障诊断[57-59]。

除了上述方法，相关学者还提出了其他的一些熵理论方法，如刘（Liu）等[60]提出了频带熵来提取滚动轴承的故障特征。频带熵基于短时傅里叶变换，可以提供每个频率分量的复杂性。利用模拟信号和试验信号，证明了频带熵的有效性。雷（Lei）等[61]提出了基于辛空间中吸引子 X 的能量分布的辛熵，辛熵可以用辛变换较好地描述非线性动态系统的性质，已成功地应用于滚动轴承各种故障的诊断。

参考文献

［1］ 浓长青. 旋转机械设备关键部件故障诊断与预测方法研究 ［D］. 合肥：中国科学技术大学，2014.

［2］ 胡友强. 数据驱动的多元统计故障诊断及应用 ［D］. 重庆：重庆大学，2010.

［3］ 陈予恕，曹登庆，吴志强. 非线性动力学理论及其在机械系统中应用的若干进展 ［J］. 宇航学报，2007（4）：794-804.

［4］ 雷亚国，贾峰，孔德同，等. 大数据下机械智能故障诊断的机遇与挑战 ［J］. 机械工程学报，2018，54（5）：95-104.

［5］ 葛哲学. 滤波方法及其在非线性系统故障诊断中的应用研究 ［D］. 长沙：国防科学技术大学，2006.

［6］ 唐友福，刘树林，刘颖慧，等. 基于非线性复杂测度的往复压缩机故障诊断 ［J］. 机械工程学报，2012，48（3）：102-107.

［7］ WOLF A, SWIFT J B, SWINNEY H L, et al. Determining Lyapunov exponents from a time series ［J］. Physica D：nonlinear phenomena, 1985, 16（3）：285-317.

［8］ MANDELBROT B B, MANDELBROT B B. The fractal geometry of nature ［M］. New York：W. H. Freeman and Company, 1982.

［9］ LATORA V, BARANGER M. Kolmogorov-Sinai entropy rate versus physical entropy ［J］. Physical Review Letters, 1999, 82（3）：520.

［10］ 于兴虎. 复杂非线性系统的自适应容错控制研究 ［D］. 哈尔滨：哈尔滨工业大学，2020.

［11］ THEILER J. Estimating fractal dimension ［J］. Journal of the optical society of America A, 1990, 7（6）：1055-1073.

［12］ 姬翠翠. 基于混沌与分形理论的缸套：活塞环磨损过程动力学行为研究 ［D］. 徐州：中国矿业大学，2012.

［13］ 王珅. 非线性动力学方法在时间序列分析中的应用 ［D］. 上海：复旦大学，2005.

［14］ LI Y, KANG D, HE G, et al. Non-stationary vibration feature extraction method based on sparse decomposition and order tracking for gearbox fault diagnosis ［J］. Measurement, 2018, 124：453-469.

［15］ 邓飞跃. 滚动轴承故障特征提取与诊断方法研究 ［D］. 北京：华北电力大学，2016.

［16］ YAN R, GAO R X. Approximate entropy as a diagnostic tool for machine health monitoring ［J］. Mechanical systems & signal processing, 2007, 21（2）：824-839.

［17］ ZHENG J, PAN H, CHENG J. Rolling bearing fault detection and diagnosis based on composite multiscale fuzzy entropy and ensemble support vector machines [J]. Mechanical systems & signal processing, 2017, 85: 746-759.

[18] LONG Z, XIONG G, LIU H, et al. Bearing fault diagnosis using multiscale entropy and adaptive neuro-fuzzy inference [J]. Expert systems with applications, 2010, 37 (8): 6077-6085.

[19] LI Y, YANG Y, LI G, et al. A fault diagnosis scheme for planetary gearboxes using modified multiscale symbolic dynamic entropy and mRMR feature selection [J]. Mechanical systems & signal processing, 2017, 91: 295-312.

[20] LI Y, XU M, WEI Y, et al. A new rolling bearing fault diagnosis method based on multiscale permutation entropy and improved support vector machine based binary tree [J]. Measurement, 2015, 77: 80-94.

[21] ZHAO L Y, WANG L, YAN R Q. Rolling bearing fault diagnosis based on wavelet packet decomposition and multiscale permutation entropy [J]. Entropy, 2015, 17 (9): 6447-6461.

[22] ZHENG J, PAN H, YANG S, et al. Generalized composite multiscale permutation entropy and Laplacian score based rolling bearing fault diagnosis [J]. Mechanical systems & signal processing, 2018, 99: 229-243.

[23] ROSTAGHI M, AZAMI H. Dispersion entropy: a measure for time-series analysis [J]. IEEE signal processing letters, 2016, 23 (5): 1-8.

[24] SHANNON C E. A mathematical theory of communication [J]. Acm sigmobile mobile computing and communications review, 2001, 5 (1): 3-55.

[25] PINCUS S M. Approximate entropy as a measure of system complexity [J]. Proceedings of the national academy of sciences, 1991, 88 (6): 2297-2301.

[26] RICHMAN J S, LAKE D E, MOORMAN J R. Sample entropy [M] //Methods in enzymology. Salt Lake City: Academic Press, 2004, 384: 172-184.

[27] 陈伟婷. 基于熵的表面肌电信号特征提取研究 [D]. 上海：上海交通大学, 2008.

[28] BANDT C, POMPE B. Permutation entropy: a natural complexity measure for time series [J]. Physical review letters, 2002, 88 (17): 174102 (1-5).

[29] ROSTAGHI M, AZAMI H. Dispersion entropy: a measure for time-series analysis [J]. IEEE signal processing letters, 2016, 23 (5): 610-614.

[30] COSTA M, GOLDBERGER A L, PENG C K. Multiscale entropy to distinguish physiologic and synthetic RR time series [J]. Computers in cardiology, 2002, 29: 137-140.

[31] COSTA M, GOLDBERGER A L, PENG C K. Multiscale entropy analysis of biological signals

[J]. Physical review E, 2005, 71 (2): 021906.

[32] BERGER A, DELLA PIETRA S A, DELLA PIETRA V J. A maximum entropy approach to natural language processing [J]. Computational linguistics, 1996, 22 (1): 39-71.

[33] BOROWSKA M. Entropy-based algorithms in the analysis of biomedical signals [J]. Studies in logic, grammar and rhetoric, 2015, 43 (1): 21-32.

[34] ZHOU R, CAI R, TONG G. Applications of entropy in finance: a review [J]. Entropy, 2013, 15 (11): 4909-4931.

[35] GEORGESCU-ROEGEN N. The entropy law and the economic problem [M]. Amsterdam: Elsevier Inc, 1976.

[36] KANKAR P K, SHARMA S C, HARSHA S P. Rolling element bearing fault diagnosis using autocorrelation and continuous wavelet transform [J]. Journal of vibration and control, 2011, 17 (14): 2081-2094.

[37] 赵光权，姜泽东，胡聪，等．基于小波包能量熵和 DBN 的轴承故障诊断 [J]. 电子测量与仪器学报，2019, 33 (2): 32-38.

[38] RÉNYI A. On measures of entropy and information [J]. Virology, 1985, 142 (1): 158-174.

[39] JENSSEN R. Kernel entropy component analysis [J]. IEEE transactions on pattern analysis and machine intelligence, 2009, 32 (5): 847-860.

[40] HE Y, HUANG J, ZHANG B. Approximate entropy as a nonlinear feature parameter for fault diagnosis in rotating machinery [J]. Measurement science and technology, 2012, 23 (4): 45603-45616.

[41] ZHAO S F, LIANG L, XU G H, et al. Quantitative diagnosis of a spall-like fault of a rolling element bearing by empirical mode decomposition and the approximate entropy method [J]. Mechanical systems and signal processing, 2013, 40 (1): 154-177.

[42] LIANG J, ZHONG J H, YANG Z X. Correlated EEMD and effective feature extraction for both periodic and irregular faults diagnosis in rotating machinery [J]. Energies, 2017, 10 (10): 1652 (1-14).

[43] SEERA M, WONG M L D, NANDI A K. Classification of ball bearing faults using a hybrid intelligent model [J]. Applied soft computing, 2017, 57: 427-435.

[44] WU S D, WU C W, LIN S G, et al. Time series analysis using composite multiscale entropy [J]. Entropy, 2013, 15 (3): 1069-1084.

[45] CHEN W, ZHUANG J, YU W, et al. Measuring complexity using FuzzyEn, ApEn, and SampEn [J]. Medical engineering & physics, 2009, 31 (1): 61-68.

［46］ ZHENG J, CHENG J, YANG Y, et al. A rolling bearing fault diagnosis method based on multiscale fuzzy entropy and variable predictive model-based class discrimination ［J］. Mechanism and machine theory, 2014, 78: 187-200.

［47］ ZHENG J, PAN H, CHENG J. Rolling bearing fault detection and diagnosis based on composite multiscale fuzzy entropy and ensemble support vector machines ［J］. Mechanical systems and signal processing, 2017, 85: 746-759.

［48］ AZAMI H, ESCUDERO J. Refined composite multivariate generalized multiscale fuzzy entropy: a tool for complexity analysis of multichannel signals ［J］. Physica A: statistical mechanics and its applications, 2017, 465: 261-276.

［49］ ZHENG J, TU D, PAN H, et al. A refined composite multivariate multiscale fuzzy entropy and Laplacian score-based fault diagnosis method for rolling bearings ［J］. Entropy, 2017, 19 (11): 585.

［50］ AZIZ W, ARIF M. Multiscale permutation entropy of physiological time series ［C］ //2005 pakistan section multitopic conference, 2005: 1-6.

［51］ SI L, WANG Z, TAN C, et al. A feature extraction method based on composite multiscale permutation entropy and Laplacian score for shearer cutting state recognition ［J］. Measurement, 2019, 145: 84-93.

［52］ TANG G, WANG X, HE Y. A novel method of fault diagnosis for rolling bearing based on dual tree complex wavelet packet transform and improved multiscale permutation entropy ［J］. Mathematical problems in engineering, 2016.

［53］ ZHENG J, PAN H, YANG S, et al. Generalized composite multiscale permutation entropy and Laplacian score based rolling bearing fault diagnosis ［J］. Mechanical systems and signal processing, 2018, 99: 229-243.

［54］ AZAMI H, KINNEY-LANG E, EBIED A, et al. Multiscale dispersion entropy for the regional analysis of resting-state magnetoencephalogram complexity in Alzheimer's disease ［C］ //2017 39th annual international conference of the IEEE engineering in medicine and biology society (EMBC), 2017: 3182-3185.

［55］ AZAMI H, FERNÁNDEZ A, ESCUDERO J. Multivariate multiscale dispersion entropy of biomedical times series ［J］. Entropy, 2019, 21 (9): 913.

［56］ AZAMI H, ROSTAGHI M, ABÁSOLO D, et al. Refined composite multiscale dispersion entropy and its application to biomedical signals ［J］. IEEE transactions on biomedical engineering, 2017, 64 (12): 2872-2879.

［57］ LI Y, YANG Y, LI G, et al. A fault diagnosis scheme for planetary gearboxes using modified multiscale symbolic dynamic entropy and mRMR feature selection [J]. Mechanical systems and signal processing, 2017, 91: 295-312.

[58] LI Y, YANG Y, WANG X, et al. Early fault diagnosis of rolling bearings based on hierarchical symbol dynamic entropy and binary tree support vector machine [J]. Journal of sound and vibration, 2018, 428: 72-86.

[59] LI Y, LI G, WEI Y, et al. Health condition identification of planetary gearboxes based on variational mode decomposition and generalized composite multiscale symbolic dynamic entropy [J]. ISA transactions, 2018, 81: 329-341.

[60] LIU T, CHEN J, DONG G, et al. The fault detection and diagnosis in rolling element bearings using frequency band entropy [J]. Proceedings of the institution of mechanical engineers, Part C: journal of mechanical engineering science, 2013, 227 (1): 87-99.

[61] LEI M, MENG G, DONG G. Fault detection for vibration signals on rolling bearings based on the symplectic entropy method [J]. Entropy, 2017, 19 (11): 607.

第 2 章
基于熵的复杂性理论方法

本章重点介绍熵理论的一些基础内容和方法，主要包括香农熵、近似熵、样本熵、模糊熵、排列熵和散布熵。

2.1 香农熵

香农熵又称信息熵，由香农（Shannon）在 1948 年提出，用来描述信息论中信源的不确定度。对于一个给定的时间序列 $\{x_1, x_2, \cdots, x_n\}$，香农熵 $H(x)$ 的定义为

$$H(x) = -\sum_{i=1}^{n} p(x_i) \log_2 p(x_i) \tag{2-1}$$

式中，p 是时间序列的概率；$\log_2 p(x_i)$ 是二进制编码的长度，可以量化时间序列 $\{x_i\}$ 的信息。

在数学上，香农熵[1]表示对信息量的期望，这种期望可以看作是衡量信息复杂性的一个指标。香农熵具有以下属性：①香农熵是连续的；②香农熵是一个单调的递增函数，熵越大，表示时间序列的不确定性越大或不规则性越强烈。

2.2 近似熵

熵作为衡量时间序列新信息发生概率的非线性动力学参数，已经在诸多科学领域得到应用。平卡斯（Pincus）等在 1991 年提出了近似熵（Approximate

Entropy，ApEn）的概念[2]，用来量化确定性信号和随机信号的不规则性。由于 ApEn 能够从相对少量数据中识别数据复杂性的变化并能更好地抑制异常值，已被相关学者成功应用于心率信号、血压信号和机械振动信号等时间序列的复杂性研究中[3-5]。近似熵采用一个非负数来表示时间序列的复杂性，时间序列越复杂，对应熵值越大。近似熵的计算步骤如下：

1）对于给定的 N 点时间序列 $\{u(i)\}$，按式（2-2）构建 m 维向量 $X(i)$，即

$$X(i) = (u(i), u(i+1), \cdots, u(i+m-1)) \qquad i = 1, 2, \cdots, N-m+1$$

$$(2-2)$$

2）对每一个 i 值，计算向量 $X(i)$ 与其余向量 $X(j)$ 之间的距离 d，则

$$d[X(i), X(j)] = \max_{k=0,1,\cdots,m-1} |u(i+k) - u(j+k)| \qquad (2-3)$$

3）给定阈值 $r(r>0)$，对每一个 i 值，计算 $d[X(i), X(j)]<r$ 的数目，及此数目与向量总数 $N-m+1$ 的比值，并将比值记作 $C_i^m(r)$，即

$$C_i^m(r) = \frac{\{d[X(i), X(j)] < r \text{ 的数目}\}}{N-m+1} \qquad (2-4)$$

式中，m 是预先设定的模式维数；r 是相似容限（给定阈值）。粗略地讲，$C_i^m(r)$ 反映序列中 m 维模式在相似容限 r 的意义下相似的概率。

4）将 $C_i^m(r)$ 取对数，再求其平均值，记作 $\Phi^m(r)$，即

$$\Phi^m(r) = \frac{1}{N-m+1} \sum_{i-1}^{N-m+1} \ln C_i^m(r) \qquad (2-5)$$

5）再令维数为 $m+1$，重复 1）~4）步骤，得到 $\Phi^{m+1}(r)$

6）近似熵的定义为

$$\text{ApEn}(m, r) = \Phi^m(r) - \Phi^{m+1}(r) \qquad (2-6)$$

在实际工作中 N 不可能为 ∞，当 N 为有限值时，按上述步骤得出的是序列长度为 N 时近似熵的估计值，记作

$$\text{ApEn}(m, r, N) = \Phi^m(r) - \Phi^{m+1}(r) \qquad (2-7)$$

近似熵的值显然与 m，r 的取值有关，通常取 $m=2$，$r=(0.1 \sim 0.25)$ SD，其中 SD（Standard Deviation）表示序列 $\{u(i)\}$ 的标准差，此时的近似熵值具有较为合理的统计特性。

2.3　样本熵

近似熵算法中包含自匹配，会产生不精确的估计，为此，里奇曼（Richman）等[6]提出了改进的复杂度测试方法——样本熵（Sample Entropy, SampEn）。样本熵和近似熵一样，都是用来衡量时间序列的复杂性和维数变化时产生新模式的概率大小的方法，产生新模式的概率越大，序列的复杂性越大，其熵值越大。与 ApEn 相比，SampEn 不仅对数据长度的依赖性更小，而且 SampEn 还拥有更好的相对一致性。样本熵的计算步骤如下：

1）设原始数据为 $X_i = \{x_1, x_2, \cdots, x_n\}$，长度为 N，预先给定嵌入维数 m 和相似容限 r，依据原始数据重构 m 维模板向量为

$$\boldsymbol{x}(i) = (x_i, x_{i+1}, \cdots, x_{i+m-1}) \qquad i = 1, 2, \cdots, N-m \qquad (2\text{-}8)$$

2）定义 $\boldsymbol{x}(i)$ 与 $\boldsymbol{x}(j)$ 间的距离 $d[\boldsymbol{x}(i), \boldsymbol{x}(j)]$ 为两者对应元素差值的最大值，即

$$d[\boldsymbol{x}(i), \boldsymbol{x}(j)] = \max_{k=0,1,\cdots,m-1} |x(i+k) - x(j+k)| \qquad (2\text{-}9)$$

3）对每个 i 值，计算 $\boldsymbol{x}(i)$ 与其余向量 $\boldsymbol{x}(j)$（$j=1,2,\cdots,N-m, j \neq i$）间的距离 $d[\boldsymbol{x}(i), \boldsymbol{x}(j)]$ 小于 r 的数目，及此数目与距离总数 $N-m-1$ 的比值，并将比值记作 $B_i^m(r)$，即

$$B_i^m(r) = \frac{1}{N-m-1}\{d[\boldsymbol{x}(i), \boldsymbol{x}(j)] < r \text{ 的数目}\} \qquad (2\text{-}10)$$

4）$B_i^m(r)$ 的平均值为

$$B^m(r) = \frac{1}{N-m}\sum_{i=1}^{N-m} B_i^m(r) \qquad (2\text{-}11)$$

5）再令维数为 $m+1$，重复 1）~4）步骤，得到 $B_i^{m+1}(r)$，进而得到 $B^{m+1}(r)$。

6）原时间序列的样本熵定义为

$$\text{SampEn}(m, r) = \lim_{N \to \infty} -\ln\left(\frac{B^{m+1}(r)}{B^m(r)}\right) \qquad (2\text{-}12)$$

当 N 为有限值时，式（2-12）表示为

$$\text{SampEn}(m, r, N) = -\ln\left(\frac{B^{m+1}(r)}{B^m(r)}\right) = \ln B^m(r) - \ln B^{m+1}(r) \qquad (2\text{-}13)$$

样本熵的计算与嵌入维数 m、相似容限 r 和数据长度 N 有关。①嵌入维数 m 的大小。一般 m 越大，在序列的联合概率进行动态重构时，会有越多的详细信息，但所需的数据长度更长，综合考虑，取 $m=2$。②相似容限 r 的选取。若 r 过大，会丢失很多统计信息；r 过小，统计特征的估计效果不理想，且会增加对结果噪声的敏感性，一般 r 取 $(0.1 \sim 0.25)$ SD（SD 是原始数据的标准差）。③数据长度 N 的大小。一般熵值结果对数据的长度要求不高，N 取 $10^m \sim 30^m$ 即可。

从样本熵的定义可以看出，如果信号中的噪声幅值小于相似容限 r，那么该噪声将被抑制。当原时间序列中存在较大的瞬态干扰时，由干扰产生的数据（即所谓的"野点"）和相邻数据组成的向量同 $x(i)$ 之间的距离必定很大，因而在阈值检波中将被去除。因此，样本熵的计算具有较强的抗噪和抗干扰能力。

2.4 模糊熵

在近似熵和样本熵中，两个向量相似性的度量都是基于阶跃函数而定义的，具有二分类性质。模糊熵的定义则借用了模糊函数的概念，并选择指数模糊函数来代替单位阶跃函数测度两个向量的相似性。指数函数具有以下特性：①连续性保证其值不会产生突变，②凸性质保证了向量自身的自相似性值最大。模糊熵的计算步骤如下[7-8]：

1) 对于给定的 N 点时间序列 $\{u(i), 1 \leqslant i \leqslant N\}$，依式（2-14）构建 m 维向量为

$$\boldsymbol{X}_i^m = (u(i) - u_0(i), u(i+1) - u_0(i), \cdots, u(i+m-1) - u_0(i))$$

$$i = 1, 2, \cdots, N - m + 1 \tag{2-14}$$

式中，$\boldsymbol{X}_i^m$ 是从第 i 个点开始的连续 m 个 u 的值去掉均值 $u_0(i)$，其中

$$u_0(i) = \frac{1}{m} \sum_{j=0}^{m-1} u(i+j) \tag{2-15}$$

2) 定义 $\boldsymbol{X}_i^m$ 和 $\boldsymbol{X}_j^m$ 间的距离 $d[\boldsymbol{X}_i^m, \boldsymbol{X}_j^m]$ 为两者对应元素差值的最大值，即

$$d_{ij}^m = d[\boldsymbol{X}_i^m, \boldsymbol{X}_j^m] = \max_{k \in (0, m-1)} \left| [u(i+k) - u_0(i)] - [u(j+k) - u_0(j)] \right|$$

$$i, j = 1, 2, \cdots, N-m, i \neq j \tag{2-16}$$

3）通过模糊函数 $\mu(d_{ij}^m, n, r)$ 定义向量 $\boldsymbol{X}_i^m$ 和 $\boldsymbol{X}_j^m$ 的相似度 D_{ij}^m，即

$$D_{ij}^m = \mu(d_{ij}^m, n, r) = \mathrm{e}^{-(d_{ij}^m/r)^n} \tag{2-17}$$

式中，模糊函数 $\mu(d_{ij}^m, n, r)$ 是指数函数；n 和 r 分别是模糊函数边界的梯度和宽度。

4）定义函数为

$$\phi^m(n, r) = \frac{1}{N-m} \sum_{i=1}^{N-m} \left(\frac{1}{N-m-1} \sum_{\substack{j=1 \\ j \neq i}}^{N-m} D_{ij}^m \right) \tag{2-18}$$

5）类似地，再令维数为 $m+1$，重复 1）~4）步骤，得

$$\phi^{m+1}(n, r) = \frac{1}{N-m} \sum_{i=1}^{N-m} \left(\frac{1}{N-m-1} \sum_{\substack{j=1 \\ j \neq i}}^{N-m} D_{ij}^{m+1} \right) \tag{2-19}$$

6）模糊熵定义为

$$\mathrm{FuzzyEn}(m, n, r) = \lim_{N \to \infty} \left[\ln\phi^m(n, r) - \ln\phi^{m+1}(n, r) \right] \tag{2-20}$$

当 N 为有限数时，式（2-20）表示为

$$\mathrm{FuzzyEn}(m, n, r, N) = \ln\phi^m(n, r) - \ln\phi^{m+1}(n, r) \tag{2-21}$$

模糊熵和样本熵的物理意义相似，都是衡量时间序列在维数变化时产生新模式的概率大小。序列产生新模式的概率越大，则序列的复杂度越大，熵值也越大。模糊熵不仅具备了样本熵的特点，即独立于数据长度（计算所需数据短）并可保持相对一致性，而且还在以下方面具有优势：

①样本熵中两个向量的相似度定义是基于单位阶跃函数，突变性较大，熵值缺乏连续性，对阈值 r 取值非常敏感，r 的微弱变化就可能导致样本熵值的突变，而模糊熵用指数函数模糊化相似性度量公式，指数函数的连续性使得模糊熵值随参数变化而连续平滑变化；②在样本熵的定义中，向量的相似性由数据的绝对幅值差决定，当所用数据存在轻微波动或基线漂移时，就得不到正确的分析结果，而模糊熵则通过均值运算，消除了基线漂移的影响，且向量的相似性不再由绝对幅值差确定，而由模糊函数形状决定，从而将模板向量的相似性度量模糊化[9]。

2.5 排列熵

2002 年，班特（Bandt）和蓬佩（Pompe）等[10]通过统计相空间内各向量

17

的排列规律来表征系统复杂性程度，进而提出了排列熵（Permutation Entropy，PE）的概念。PE 充分考虑了时间序列本身所具有的空间特性，具有对突变信息敏感性强、计算简单、抗噪声性能好等优点，且可以通过时间序列得到较稳定的系统特征值，适合在线监测场景。排列熵已被应用于时间序列复杂度及动力学特性分析，在肌电信号处理、心率信号处理和气温复杂度等方面都取得了很好的效果[11-13]。排列熵的计算步骤如下：

1）设包含 n 个状态参数的一维时间序列 $\mathbf{Z}$ 为

$$\mathbf{Z} = (z_1, z_2, \cdots, z_i, \cdots, z_n) \tag{2-22}$$

式中，z_i 是第 i 个元素，$i = 1, 2, \cdots, n$。

2）对时间序列 $\mathbf{Z}$ 进行重构，得到相空间矩阵，表达式为

$$\begin{pmatrix} z(1) & z(1+d) & \cdots & z(1+(m-1)d) \\ & & \vdots & \\ z(r) & z(r+d) & \cdots & z(r+(m-1)d) \\ & & \vdots & \\ z(L) & z(L+d) & \cdots & z(L+(m-1)d) \end{pmatrix} \tag{2-23}$$

式中，m 是嵌入维数；d 是延迟时间；L 是矩阵的行数，$L = N - m + 1$。矩阵的每一行定义为一个模式向量 $z(r)$，故 L 亦代表模式向量的个数。

3）将每一个模式向量 $z(r)$ 的 m 个数据按照升序排列，即得到

$$z(i+(j_1-1)d) \leqslant z(i+(j_2-1)d) \leqslant \cdots \leqslant z(i+(j_m-1)d) \tag{2-24}$$

如果存在 $z(i+(j_1-1)d) = z(i+(j_2-1)d)$，按 j 值的大小进行排序，即当 $j_{k1} < j_{k2}$，有 $z(i+(j_1-1)d) \leqslant z(i+(j_2-1)d)$，所以任何一个模式向量 $z(r)$ 都可以得到一组符号序列为

$$S(g) = \{j_1, j_2, \cdots, j_m\} \tag{2-25}$$

式中，$g = 1, 2, \cdots, k, k \leqslant m!$。$m$ 个不同的符号 $\{j_1, j_2, \cdots, j_m\}$ 共产生 $m!$ 种不同的符号排列模式，$S(g)$ 是 $m!$ 种符号排列模式中的一种。

4）每一种符号序列出现的概率记为 $P_g(g = 1, 2, \cdots, k)$，定义排列熵值为

$$H_p(m) = -\sum_{g=1}^{k} P_g \ln P_g \tag{2-26}$$

5）当 $P_g = 1/m!$ 时，$H_p(m)$ 取得最大值 $\ln(m!)$。因此，采用将 $H_p(m)$ 除以 $\ln(m!)$ 的方式，得到归一化处理的结果，即 $H_p = H_p(m)/\ln(m!)$。显然，H_p

的取值范围是 $0 \leqslant H_p \leqslant 1$。$H_p$ 值的大小表示时间序列的复杂性和随机程度，H_p 值越大，说明时间序列越随机，反之，则说明时间序列越规则。H_p 值的变化反映和放大了时间序列的局部细微变化。

2.6 散布熵

尽管排列熵已经被广泛应用于肌电信号和脑电信号分析、心率异常检测、癫痫脑电图分析和机械故障检测等领域，然而，PE 的计算只考虑了相邻幅值的大小关系而忽略幅值所包含的其他信息。2016 年，罗斯吉塔（Rostaghi）和阿扎米（Azami）提出了一种新的非线性动态不规则性测量指标——散布熵（Dispersion Entropy, DE）[14]，DE 算法不仅保留了 PE 中序数模式，同时考虑了幅值间的关系，计算效率更高。而且由于相邻信号幅值的微小变化不会改变相应的类别标签，因此，DE 的计算具有更强的抗噪能力。

对于给定的长度为 N 的时间序列 $x = \{x_j, j = 1, 2, \cdots, N\}$，散布熵的计算步骤如下：

1）利用正态分布函数

$$y_j = \frac{1}{\sigma \sqrt{2\pi}} \int_{-\infty}^{x_j} e^{\frac{-(t-\mu)^2}{2\sigma^2}} dt \tag{2-27}$$

将时间序列 x 映射到 $y = \{y_j, j = 1, 2, \cdots, N\}$，$y_j \in (0, 1)$，其中 μ 和 σ^2 分别表示期望和方差。

2）再通过线性变换

$$z_j^c = R(cy_j + 0.5) \tag{2-28}$$

将 y 映射到 $[1, 2, \cdots, c]$ 的范围内（R 为取整函数），c 为类别个数。事实上，步骤 1）和步骤 2）是将时间序列 x 中的每个元素都映射到 $[1, 2, \cdots, c]$ 内。

3）利用式（2-23）计算嵌入向量 $z_i^{m,c}$

$$z_i^{m,c} = \{z_i^c, z_{i+d}^c, \cdots, z_{i+(m-1)d}^c\} \tag{2-29}$$

式中，$i = 1, 2, \cdots, N-(m-1)d$；$m$ 和 d 分别是嵌入维数和延迟时间。

4）计算散布模式 $\pi_{v_0, v_1, \cdots, v_{m-1}}$（$v = 1, 2, \cdots, c$）。若 $z_i^c = v_0$，$z_{i+d}^c = v_1$，$\cdots$，$z_{i+(m-1)d}^c = v_{m-1}$，则 $z_i^{m,c}$ 对应的散布模式为 $\pi_{v_0, v_1, \cdots, v_{m-1}}$。由于 $\pi_{v_0, v_1, \cdots, v_{m-1}}$ 由 c 位数字组成，每个数字有 m 种取值，因此，对应散布模式共有 m^c 个。

5）计算每种散布模式 $\pi_{v_0,v_1,\cdots,v_{m-1}}$ 的概率 $p(\pi_{v_0,v_1,\cdots,v_{m-1}})$，即

$$p(\pi_{v_0,v_1,\cdots,v_{m-1}}) = \frac{N'(\pi_{v_0,v_1,\cdots,v_{m-1}})}{N - (m-1)d} \tag{2-30}$$

式中，$N'(\pi_{v_0,v_1,\cdots,v_{m-1}})$ 是 $z_i^{m,c}$ 映射到 $\pi_{v_0,v_1,\cdots,v_{m-1}}$ 的个数，即 $p(\pi_{v_0,v_1,\cdots,v_{m-1}})$ 等于 $z_i^{m,c}$ 映射到 $\pi_{v_0,v_1,\cdots,v_{m-1}}$ 的个数除以 $z_i^{m,c}$ 中元素的个数。

6）原信号 x 的 DE 定义为

$$DE(x,m,c,d) = -\sum_{\pi=1}^{m^c} p(\pi_{v_0,v_1,\cdots,v_{m-1}}) \ln[p(\pi_{v_0,v_1,\cdots,v_{m-1}})] \tag{2-31}$$

与样本熵和排列熵类似，散布熵也是一种表征时间序列不规则程度的方法。散布熵值越大，不规则程度越高；散布熵值越小，不规则程度越低。从散布熵算法中可以看出，当所有的散布模式具有相等的概率时，散布熵取得最大值 $\ln(m^c)$，如随机白噪声信号。相反地，只有一个 $p(\pi_{v_0,v_1,\cdots,v_{m-1}})$ 的值不等于零，表示时间序列是一个完全规则或可预测的数据，散步熵值最小，如周期信号。

2.7 仿真试验分析

以上介绍了几种常用熵指数的计算原理，其中每种熵的计算都需要提前设置相关参数，而不同的参数设置往往会对计算结果造成不同的影响。为了研究熵指数的物理意义以及设置参数对计算结果的影响，一般采用随机高斯白噪声（WGN，White Gaussian Noise）和 $1/f$ 噪声作为研究对象，仿真信号时域波形如图 2-1 所示。

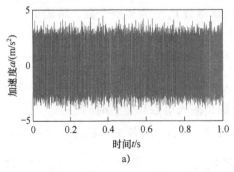
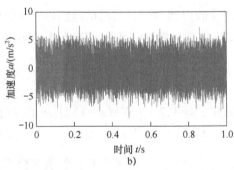

图 2-1　仿真信号时域波形

a）高斯白噪声　b）$1/f$ 噪声

1）近似熵的计算结果与嵌入维数 m、相似容限 r 和数据长度 N 的取值有关。分别计算不同参数下不同数据长度的高斯白噪声与 $1/f$ 噪声的 ApEn 值，结果如图 2-2 所示。从图 2-2 中可以看出，当 $m=1$ 时，随着 r 的增大，ApEn 值逐渐减小，并且熵值减小的幅度较为明显。当 $m=2$ 时，随着 r 的增大，ApEn 值变化幅度较小。因此，为了保证 ApEn 的联合概率重建中包含更多的信息，得到更稳定的熵值，一般设置 $m=2$。另外，当数据长度较短时，ApEn 出现了部分未定义值，说明 ApEn 对数据长度的要求较高。为了保证计算结果的质量，数据长度 N 不宜过短。

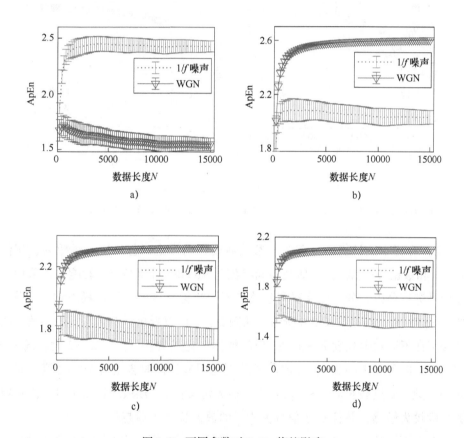

图 2-2 不同参数对 ApEn 值的影响

a）$m=1$，$r=0.10\text{SD}$ b）$m=1$，$r=0.15\text{SD}$ c）$m=1$，$r=0.20\text{SD}$ d）$m=1$，$r=0.25\text{SD}$

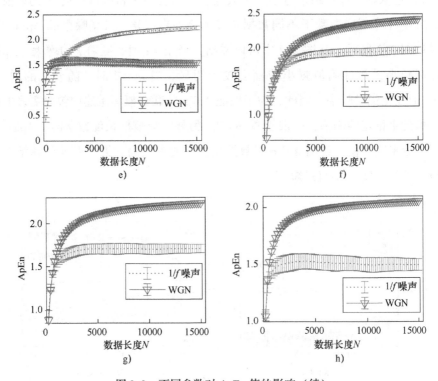

图 2-2　不同参数对 ApEn 值的影响（续）

e) $m=2$, $r=0.10SD$　f) $m=2$, $r=0.15SD$　g) $m=2$, $r=0.20SD$　h) $m=2$, $r=0.25SD$

2) 在样本熵计算中，有 3 个参数需要提前设定，包括嵌入维数 m、相似容限 r 和数据长度 N。为了研究不同参数对 SampEn 计算结果的影响，仍采用上述信号进行分析。分别计算不同参数下不同数据长度的高斯白噪声和 $1/f$ 噪声的 SampEn 值，结果如图 2-3 所示。从图 2-3 中可以看出，对于不同的参数，两种噪声在不同数据长度下 SampEn 值的整体变化趋势相同。当 $m=2$ 时，随着 r 的增大，两种噪声的 SampEn 值曲线差别越明显，此时未出现未定义值。而当 $m=3$，数据长度较短时，SampEn 值出现无定义值。结果表明，SampEn 值对数据长度较为敏感，并且 m 取值越大所需的数据长度 N 就越长。

考虑不同数据长度 WGN 与 $1/f$ 噪声的 SampEn 值，从图 2-3 中可以看出，WGN 的 SampEn 值比 $1/f$ 噪声的 SampEn 值更大，这与 WGN 比 $1/f$ 噪声的不规则程度更高相符。从图 2-3 中还可以看出，数据长度过短会造成 SampEn 值不稳定，从而出现未定义值。随着数据长度的增加，WGN 和 $1/f$ 噪声的 SampEn 值分别稳定在某一固定值附近。因此，为了避免未定义值的出现，数据长度 N 不宜过短。

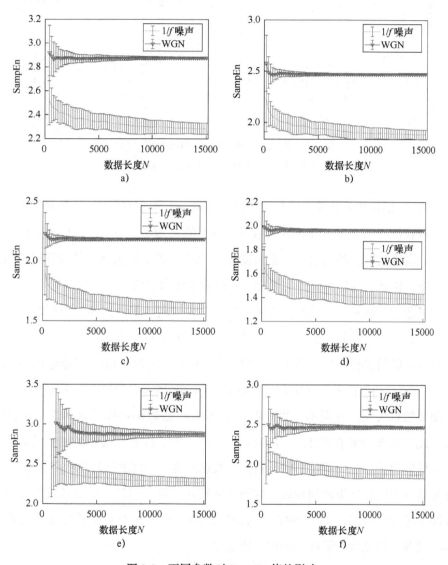

图 2-3 不同参数对 SampEn 值的影响

a）$m=2$，$r=0.10\mathrm{SD}$ b）$m=2$，$r=0.15\mathrm{SD}$ c）$m=2$，$r=0.20\mathrm{SD}$ d）$m=2$，$r=0.25\mathrm{SD}$

e）$m=3$，$r=0.10\mathrm{SD}$ f）$m=3$，$r=0.15\mathrm{SD}$

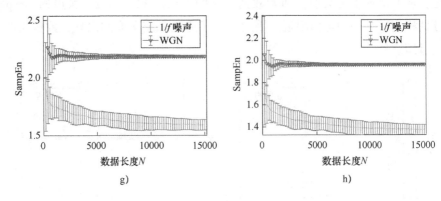

图 2-3　不同参数对 SampEn 值的影响（续）

g) $m=3$, $r=0.20$SD　h) $m=3$, $r=0.25$SD

3) 在模糊熵的计算中，包含了嵌入维数 m、相似容限 r、指数函数梯度 n 和数据长度 N 等参数。①嵌入维数 m。较大的 m 取值，可以更细致地重构系统的动态发展过程，然而由于数据长度 N 取 $10^m \sim 30^m$，m 值越大就需要更长的数据长度。因此，为了保证计算效率，m 的取值不宜过大。②相似容限 r。r 表示指数函数边界的宽度，控制模板匹配的相似性，过大的 r 会导致模板匹配较难而丢失很多统计信息，但 r 过小，对统计特性的估计效果不理想，且会导致结果对噪声的敏感性增加。因此，一般 r 取（0.1 ~ 0.25）SD。③指数函数梯度 n。n 在模板相似性的计算中起着权重的作用。n 越大梯度越大，但 n 过大会导致细节信息丢失，特别地，当 n 趋于无穷大时指数函数则退化为单位阶跃函数，此时边缘的细节信息被全部遗弃。因此，为了捕获尽量多的细节信息，一般 n 的取值为 2 或 3 等较小的整数。④数据长度 N。再次以上述噪声信号为例，计算其在不同长度下的模糊熵，如图 2-4 所示，可以看出，数据长度为 200 或 2000 对模糊熵值几乎没有影响，这说明模糊熵的计算对数据长度的依赖性很低。同时，模糊熵能够区别两种噪声信号。

此外，为了研究不同参数对 FuzzyEn 计算结果的影响，分别计算不同参数下高斯白噪声和 $1/f$ 噪声的 FuzzyEn 值，结果如图 2-5 所示。从图 2-5 中可以看出，相较于 $m=3$ 的情况，当 $m=2$ 时，高斯白噪声和 $1/f$ 噪声的 FuzzyEn 熵值曲线差别更明显，更容易区分噪声。因此，设置 $m=2$。对比前面 SampEn 分析可以发现，数据长度较短时，SampEn 出现无定义值，而 FuzzyEn 未出现无定义值。结果再次表明 FuzzyEn 对数据的长度要求不高。

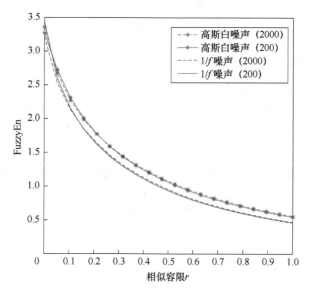

图 2-4 不同长度下高斯白噪声和 $1/f$ 噪声的模糊熵

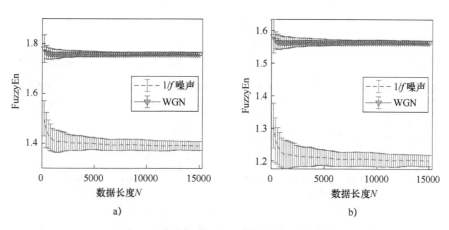

图 2-5 不同参数对 FuzzyEn 值的影响

a）$m=2$，$r=0.10\text{SD}$ b）$m=2$，$r=0.15\text{SD}$

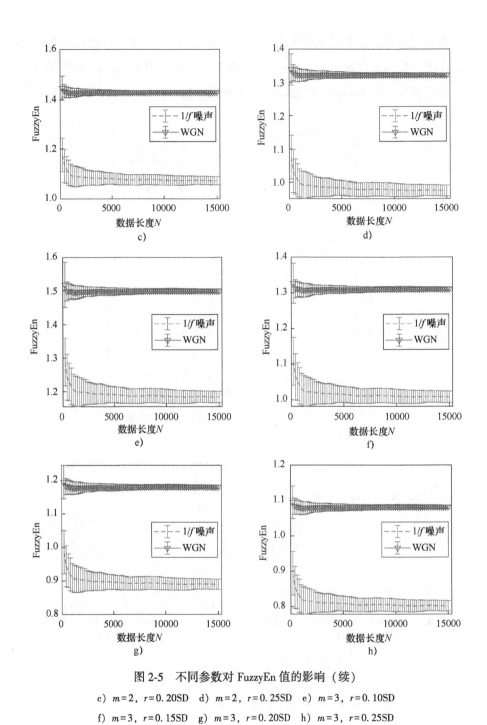

图 2-5　不同参数对 FuzzyEn 值的影响（续）

c）$m=2$，$r=0.20SD$　d）$m=2$，$r=0.25SD$　e）$m=3$，$r=0.10SD$

f）$m=3$，$r=0.15SD$　g）$m=3$，$r=0.20SD$　h）$m=3$，$r=0.25SD$

4）在排列熵的计算中，有 3 个参数值需要考虑和设定，即时间序列长度 N、嵌入维数 m 和延迟时间 d。班特（Bandt）等建议嵌入维数 m 取 3～7，如果 m 取值较小，此时重构的序列中包含太少的状态，算法会失去有效性，不能检测时间序列的动力学突变。但是，如果 m 取值过大，相空间的重构将会均匀化时间序列，此时计算不仅比较耗时，而且也无法反映序列的细微变化。通常，延迟时间 d 对时间序列的影响较小，一般取 $d=1$。为研究数据长度 N 对排列熵值的影响，以长度为 128、256、512、1024 和 2048 的高斯白噪声为研究对象，分别求得对应的 PE 值，标记为 PE_1～PE_5，如图 2-6 所示，它们在不同嵌入维数下的差值见表 2-1。

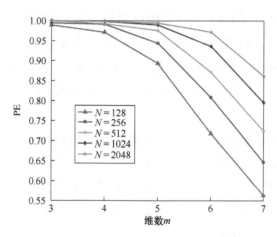

图 2-6　不同长度高斯白噪声的 PE 曲线

表 2-1　不同长度高斯白噪声的 PE 在不同嵌入维数下的差值

m	3	4	5	6	7
$PE_5 - PE_4$	0	0	0.0047	0.0357	0.0663
$PE_4 - PE_3$	0.0004	0.0059	0.0140	0.0647	0.0710
$PE_3 - PE_2$	0.0055	0.0011	0.0314	0.0632	0.0779
$PE_2 - PE_1$	0.0054	0.0199	0.0509	0.0904	0.0829

由图 2-6 和表 2-1 可以发现，当嵌入维数 $m=5$ 时，数据长度为 256 和 1024 的信号的熵值仅相差 0.0454，此时，可以估计数据长度为 256 时的合理 PE 值。而当嵌入维数 $m=6$ 时，数据长度为 1024 和 2048 的信号的熵值仅相差 0.0357，

此时，数据长度选取 1024 较为合适。所以，嵌入维数越大，对数据长度的要求也越高。

5) 在散布熵的计算中有 3 个关键参数需要提前设置，即嵌入维数 m、类别 c 和延迟时间 d。延迟时间 d 通常取 1、2 或 3，本书取 $d=1$。对于嵌入维数 m，如果 m 值过小，则可能检测不到信号的动态变化，而 m 值过大则可能导致无法观测到信号中的微小变化。由于类别 c 是 DE 算法中序列散布的种类数，当 c 取值过小时，两个幅值差距很大的数据就可能被划归为同一类；而当 c 过大时，幅值相差很小的数据可能被分成不同类，此时 DE 算法会对噪声很敏感。综上，选取 $d=1$，$c=4$、5、6、7，$m=2$、3 进行分析。对比不同参数组合下不同长度高斯白噪声（WGN）与 $1/f$ 噪声的 DE 值，计算均值方差图，结果如图 2-7 所示。从图 2-7 中可以看出，对于不同的参数组合，两种噪声在不同数据长度下 DE 值的整体变化趋势相同，且 DE 值随着 c 的增大而增大。当 $m=2$ 时，不同的 c 值对 DE 值的稳定性影响不大；当 $m=3$ 时，DE 值的稳定性随 c 的增大而略微增强。

从图 2-7 中可以看出，WGN 的 DE 值比 $1/f$ 噪声的 DE 值更大，这与 WGN 比 $1/f$ 噪声的不规则程度更高相符。从图 2-7 中还可以看出，数据长度过短会造成 DE 的值不稳定，在数据长度超过 2000 时，WGN 和 $1/f$ 噪声的 DE 值随着数据长度的增加而分别稳定在某一固定值附近。因此，一般在计算 DE 值时要求数据样本点数大于 2000。

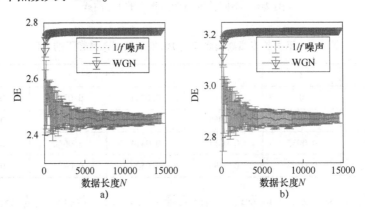

图 2-7　不同参数对 DE 值的影响
a) $m=2$, $c=4$, $d=1$　b) $m=2$, $c=5$, $d=1$

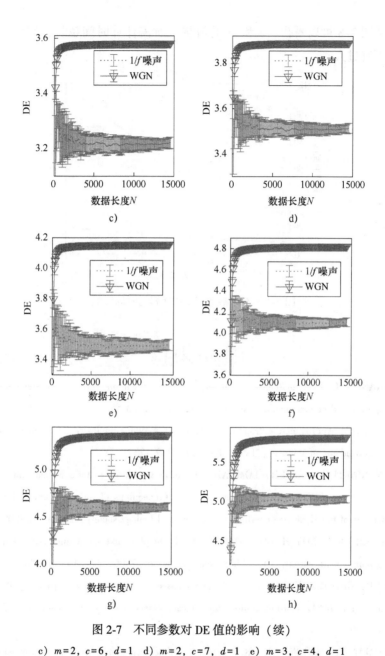

图 2-7　不同参数对 DE 值的影响（续）

c）$m=2$, $c=6$, $d=1$　d）$m=2$, $c=7$, $d=1$　e）$m=3$, $c=4$, $d=1$

f）$m=3$, $c=5$, $d=1$　g）$m=3$, $c=6$, $d=1$　h）$m=3$, $c=7$, $d=1$

计算不同参数下 DE 的计算耗时，图 2-7 中每个分图计算所需时间如图 2-8

所示。从图 2-8 可以看出，c 和 m 的值越大所需计算时间越长，因此，c 和 m 的值都不宜过大。

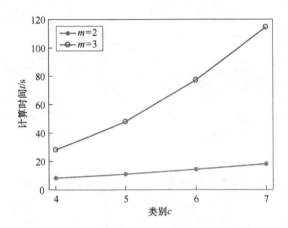

图 2-8　不同参数对 DE 计算耗时的影响

参考文献

[1] SHANNON C E. A mathematical theory of communication [J]. Acm sigmobile mobile computing and communications review, 2001, 5 (1)：3-55.

[2] PINCUS S M. Approximate entropy as a measure of system complexity [J]. Proceedings of the national academy of sciences, 1991, 88 (6)：2297-2301.

[3] SIGNORINI M G, SASSI R, LOMBARDI F, et al. Regularity patterns in heart rate variability signal：the approximate entropy approach [C]. Proceedings of the 20th annual international conference of the IEEE engineering in medicine and biology society, 1998：306-309.

[4] HORNERO R, ABOY M, ABASOLO D, et al. Complex analysis of intracranial hypertension using approximate entropy [J]. Critical care medicine, 2006, 34 (1)：87-95.

[5] YAN R, GAO R X. Machine health diagnosis based on approximate entropy [C]. Proceedings of the 21st IEEE instrumentation and measurement technology conference, 2004, 3：2054-2059.

[6] RICHMAN J S, MOORMAN J R. Physiological time-series analysis using approximate entropy and sample entropy [J]. American journal of physiology-heart and circulatory physiology, 2000, 278 (6)：2039-2049.

[7] 刘慧，谢洪波，卫星，等．基于模糊熵的脑电睡眠分期特征提取与分类 [J]．数据采集

与处理，2010，25（4）：484-489.

[8] 陈伟婷. 基于熵的表面肌电信号特征提取研究 [D]. 上海：上海交通大学，2008.

[9] 吕志民，徐金梧，翟绪圣. 分形维数及其在滚动轴承故障诊断中的应用 [J]. 机械工程
学报，1999，2（2）：1-8.

[10] BANDT C，POMPE B. Permutation entropy：a natural complexity measure for time series
[J]. Physical review letters，2002，88（17）：174102（1-4）.

[11] 袁明，罗志增. 基于排列组合熵的表面肌电信号特征分析 [J]. 杭州电子科技大学学
报，2012，32（1）：64-67.

[12] 马千里，卞春华. 改进排列熵方法及其在心率变异复杂度分析中的应用 [J]. 中国组
织工程研究与临床康复，2010，52（14）：9781-9785.

[13] 侯威，封国林，董文杰，等. 利用排列熵检测近 40 年华北地区气温突变的研究 [J].
物理学报，2006，55（55）：2663-2668.

[14] ROSTAGHI M，AZAMI H. Dispersion entropy：a measure for time-series analysis [J]. IEEE
signal processing letters，2016，23（5）：610-614.

第 3 章
基于多尺度模糊熵的机械故障诊断方法

当机械设备出现故障时，振动信号往往表现出非线性和非平稳特征。非线性动力学方法能够有效提取隐藏在振动信号中的故障特征信息，使得其在旋转机械的健康监测和故障诊断中得到了广泛的应用[1]，具体方法如近似熵、样本熵等。由于样本熵采用的是单位阶跃函数计算相似性，在度量相似性时会发生突变，因此，陈伟婷等[2]采用指数模糊函数代替单位阶跃函数度量两个向量的相似性，较好地解决了熵值突变的问题。

本章在模糊熵和多尺度熵的基础上，介绍了多尺度模糊熵、复合多尺度模糊熵、广义精细复合多尺度模糊熵和多变量多尺度模糊熵等衡量时间序列复杂性的一系列新方法，以及它们在旋转机械故障特征提取和诊断中的应用。

3.1 多尺度模糊熵

3.1.1 多尺度熵算法

样本熵是用来度量时间序列在单一尺度上的自相似性和复杂性程度。熵值越大，时间序列越复杂；熵值越小，时间序列越简单，序列自身的相似性越高[3]。然而，在样本熵对高斯白噪声和 $1/f$ 噪声序列的分析中却出现了与理论不符的结果，结构简单的高斯白噪声序列有较大的样本熵值，结构复杂的 $1/f$ 噪声序列反而得到较小的样本熵值。针对这一问题，科斯塔（Costa）等[4]在样本熵的定义中引入了尺度因子，提出了多尺度熵（Multiscale Sample Entropy，

MSE) 的概念，多尺度熵用来衡量时间序列在不同尺度因子下的复杂性。多尺度熵的计算步骤如下：

1）对于原始数据 $X_i = \{x_1, x_2, \cdots, x_N\}$，预先给定嵌入维数 m 和相似容限 r，建立新的粗粒化序列为

$$y_i(\tau) = \frac{1}{\tau} \sum_{i=(j-1)\tau+1}^{j\tau} x_i \qquad 1 \leqslant j \leqslant N/\tau \qquad (3\text{-}1)$$

式中，τ 是正整数，称为尺度因子，本章取尺度因子最大值 $\tau_{max} = 20$。显然 $\tau = 1$ 时，$y_i(\tau)$ 就是原时间序列。对于 $\tau \neq 1$，原始序列 X_i 被分割成 τ 段且每段长为 N/τ 的粗粒序列 $\{y_i(\tau)\}$。

2）计算每一个粗粒序列的样本熵值，得到 τ 个粗粒序列的熵值，并把熵值转化为尺度因子的函数，此过程称为多尺度熵分析。这里对每段时间序列求样本熵时，相似容限 r 取 0.15SD。

3.1.2　多尺度模糊熵算法

在 MSE 的定义中，如果采用模糊熵代替样本熵，则得到多尺度模糊熵 (Multiscale Fuzzy Entropy, MFE)。MFE 解决了 MSE 中由于样本熵采用单位阶跃函数而导致熵值突变、稳定性差的问题。与 MSE 曲线类似，MFE 曲线反映的是时间序列在不同尺度因子下的自相似性、复杂性以及维数变化时序列产生新模式的能力。如果一个时间序列的熵值在大部分尺度下都比另一个序列的熵值大，那么就认为前者比后者复杂性更高。如果一个时间序列随着尺度因子递增而熵值单调递减，表明该序列结构相对较简单，在最小的尺度因上包含较多信息。如果一个时间序列随着尺度因子递增其熵值也单调递增，那么意味着该时间序列在其他尺度上也包含重要信息。

3.2　复合多尺度模糊熵

3.2.1　复合多尺度模糊熵算法

MFE 能够有效地衡量时间序列在不同尺度因子下的复杂性，因而能更好地反映时间序列隐藏在不同尺度的模式信息。但在 MFE 粗粒化序列的计算中，基于粗粒化定义的多尺度计算方法对时间序列的长度依赖性较大。每个粗粒化

序列的长度等于原信号的长度除以尺度因子，熵值的偏差会随着粗粒化序列长度的减小而增大，多尺度序列熵值的估计误差也会随着尺度因子的增大而增大。尺度因子为 2 和 3 时，粗粒化过程的算法示意如图 3-1 所示。

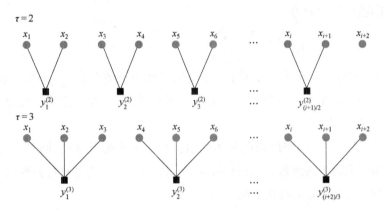

图 3-1　尺度因子为 2 和 3 时粗粒化过程的算法示意

从图 3-1 中可以看出，当尺度因子 τ 等于 2 时，粗粒化后的序列依次序两两平均，只考虑了 x_1 与 x_2 求均值开头的粗粒序列，而未考虑 x_2 与 x_3 求均值作为开头的序列，此粗粒序列相对于原始序列的尺度因子同样是 2。同样地，对于尺度因子等于 3 时，只考虑了 x_1、x_2 和 x_3 求均值开头的粗粒序列，而未考虑 x_2、x_3 与 x_4 求均值，以及 x_3、x_4 与 x_5 求均值开头的两个粗粒序列，此两粗粒序列相对于原始序列的尺度因子同样也是 3。

复合多尺度模糊熵（Composite Multiscale Fuzzy Entropy，CMFE）采用复合多尺度的方法代替传统的粗粒化方法，综合了同一尺度下多个粗粒化序列的信息，采用相同尺度因子下的不同粗粒化序列的熵均值作为该尺度因子下的模糊熵值，有效地防止了由时间序列变短而导致熵值突变现象的发生，利用此法得到的 CMFE 曲线稳定性和一致性更好。复合多尺度模糊熵的计算步骤如下：

1）对于时间序列 $\{x(i), i=1,2,\cdots,N\}$，采用式（3-2）定义粗粒化序列 $y_k^{(\tau)}=\{y_{k,1}^{(\tau)}, y_{k,2}^{(\tau)}, \cdots, y_{k,p}^{(\tau)}\}$，则

$$y_{k,j}^{(\tau)} = \frac{1}{\tau}\sum_{i=(j-1)\tau+k}^{j\tau+k-1} x_i \qquad 1\le j\le N/\tau,\ 1\le k\le \tau \qquad (3\text{-}2)$$

2) 对每个尺度因子 τ，计算每个粗粒序列 $y_k^{(\tau)}$（$1 \leqslant k \leqslant \tau$）的模糊熵，再对 τ 个熵值求平均，得到该尺度因子下的 CMFE 值，则

$$\text{CMFE}(X,\tau,m,n,r) = \frac{1}{\tau} \sum_{k=1}^{\tau} \text{FuzzyEn}(y_k^{(\tau)},m,n,r) \qquad (3\text{-}3)$$

最后将得到的熵值表示成尺度因子的函数，此过程称为复合多尺度模糊熵分析。CMFE 综合了同一尺度下所有粗粒化序列的模糊熵信息，因此，理论上比 MSE 和 MFE 更合理。尺度因子等于 2 时，复合多尺度的计算方法如图 3-2 所示。

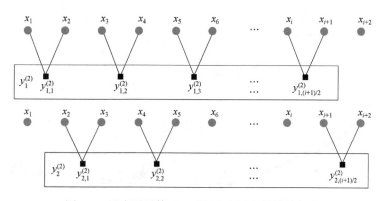

图 3-2　尺度因子等于 2 时复合多尺度的计算方法

3.2.2　仿真试验分析

考虑时间序列长度对 MSE、CMSE、MFE 和 CMFE 的影响，取序列长度分别为 1500、2000、2500、3000、3500 的高斯白噪声和 $1/f$ 噪声作为研究对象。分别计算不同时间序列长度下高斯白噪声和 $1/f$ 噪声的 MSE、CMSE、MFE 和 CMFE，结果如图 3-3 所示，其中 $m = 2$，$r = 0.15\text{SD}$。由图 3-3 可知，当时间序列长度增加时，CMFE 的熵值曲线比 MSE、MFE 及 CMSE 稳定，无论长度是 1500 还是 3500，CMFE 的熵值曲线的趋势始终一致，这说明 CMFE 对数据序列长度的依赖更小。此外，随着尺度因子 τ 的增大，$1/f$ 噪声的 MSE 与 CMSE 曲线都出现了较大的波动，MFE 曲线也存在一定波动，而 CMFE 曲线变化平缓，这说明 CMFE 在提取故障特征方面更具稳定性和优越性。综上所述，CMFE 对时间序列长度的依赖更小，一定程度上克服了 MFE 和 CMSE 的缺陷。

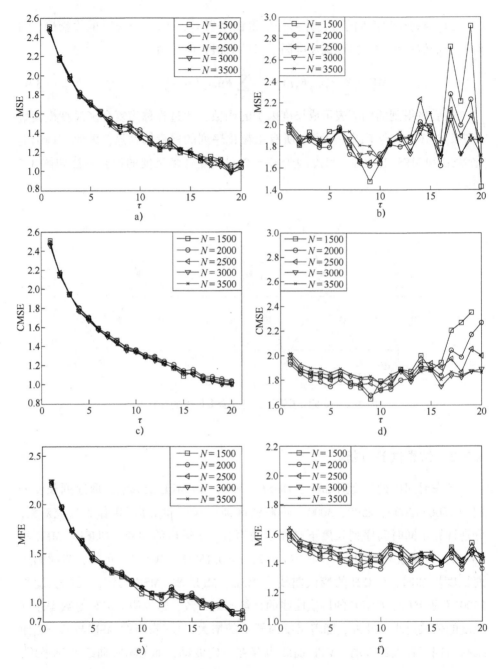

图 3-3 不同时间序列长度下高斯白噪声和 $1/f$ 噪声的 MSE、CMSE、MFE 和 CMFE

a) 高斯白噪声的 MSE b) $1/f$ 噪声的 MSE c) 高斯白噪声的 CMSE

d) $1/f$ 噪声的 CMSE e) 高斯白噪声的 MFE f) $1/f$ 噪声的 MFE

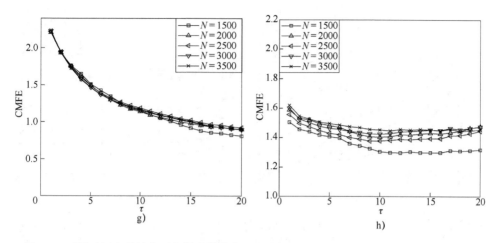

图 3-3　不同时间序列长度下高斯白噪声和 1/f 噪声的 MSE、CMSE、MFE 和 CMFE（续）

g）高斯白噪声的 CMFE　h）1/f 噪声的 CMFE

　　接下来，研究相似容限 r 对 MSE、CMSE、MFE 与 CMFE 熵值的影响。以相同序列长度高斯白噪声与 1/f 噪声作为仿真信号，对不同的 r = 0.05SD，0.10SD，0.15SD，0.20SD，0.25SD，m = 2，分别计算该信号的 MSE、CMSE、MFE 和 CMFE，结果如图 3-4 所示。从图 3-4 可知，当 τ = 1 时，相似容限 r 越小，对应的样本熵或者模糊熵就越大，这说明相似容限的取值决定了熵值的大小；相似容限对 MSE、CMFE、MFE 与 CMSE 的计算结果影响较大，r 越大，

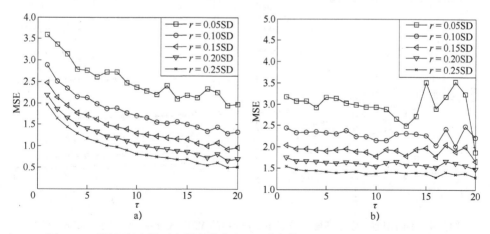

图 3-4　不同相似容限下高斯白噪声和 1/f 噪声的 MSE、CMSE、MFE 和 CMFE

a）高斯白噪声的 MSE　b）1/f 噪声的 MSE

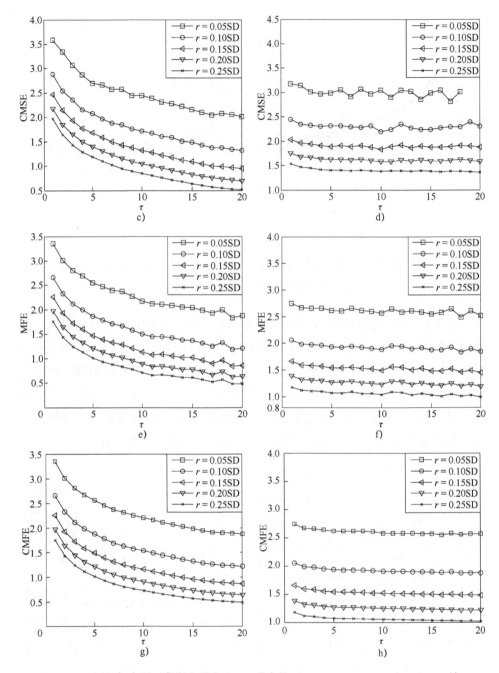

图 3-4　不同相似容限下高斯白噪声和 $1/f$ 噪声的 MSE、CMSE、MFE 和 CMFE（续）

c）高斯白噪声的 CMSE　d）$1/f$ 噪声的 CMSE

e）高斯白噪声的 MFE　f）$1/f$ 噪声的 MFE　g）高斯白噪声的 CMFE　h）$1/f$ 噪声的 CMFE

匹配的模板越少，熵值越小，r 越小，匹配的模板越多，熵值越大；当 r 过小时，CMFE 曲线较 MSE、CMSE、MFE 曲线的光滑程度大大提高，且对任意 r，CMFE 的熵值曲线都更光滑，这表明 CMFE 对相似容限 r 依赖程度低。

3.2.3　CMFE 在滚动轴承故障诊断中的应用

CMFE 能够有效提取振动信号中隐藏的非线性故障特征。但是，并非所有序列长度的 CMFE 值都与故障信息密切相关，该值也会受到冗余信息影响，导致故障诊断的效率下降。因此，需要采取合适的特征选择方法来筛选最优故障特征。费希尔评分法（Fisher Scoring，FS）[5] 是应用较为广泛的特征选择方法之一，此方法的目标是从原始的特征中确定最适宜表示各特征之间差别的子集。FS 方法针对每一个特征计算一个得分，再依据得分从所有特征中选择期望得到数目的特征子集。事实上，FS 方法是通过估计每个特征向量对不同类属性的区分能力，从而得出所有特征的排序。特征子集最大程度上确定了各个类别之间的差别，能够表征原始特征集的本质特征。因此，本节将 FS 方法应用于选择滚动轴承敏感故障特征，从所有故障特征中选择最密切相关的特征子集。同时，为了实现滚动轴承故障的智能诊断，减少对人为经验知识的依赖，将训练较快、适合小样本分类的支持向量机（Support Vector Machine，SVM）应用于滚动轴承故障模式的智能识别[6-7]。

故障诊断的具体步骤如下：

1）假设滚动轴承的运行状态包含 K 种类型，每一类的样本数据分别为 $M_1,M_2,\cdots,M_K$；计算每一类样本数据振动信号的 CMFE，得到 K 个特征集：(T^k,k)，其中，$T^k \in R^{M_k \times \tau_{\max}}$，$\tau_{\max}$ 是最大尺度因子也是特征值数目，$k=1,2,\cdots,K$。

2）采用 FS 方法对特征集的 $\tau_{\max}$ 个特征值依照得分的高低进行排序，将得分较高的前 q 个特征作为原始特征集的敏感故障特征子集。

3）将每一类的敏感故障特征子集分为 $\frac{2}{3}M_k$ 个训练样本和 $\frac{1}{3}M_k$ 个测试样本，$k=1,2,\cdots,K$。

4）将训练样本输入基于 SVM 的 K 类故障分类器，对其进行训练。其中，在基于 SVM 的 K 类故障分类器中，采用偏二叉树的思想建立多故障分类器，

以 $K=4$ 为例，基于 SVM 的多故障分类器示意如图 3-5 所示，图中数字表示故障类别。

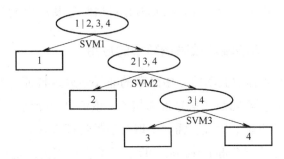

图 3-5　基于 SVM 的多故障分类器示意

5）采用测试样本对基于 SVM 的 K 类故障分类器进行测试，依据输出结果判断滚动轴承的运行状态。

为了验证上述方法的有效性，将 CMFE 方法应用于美国凯斯西储大学轴承数据中心的滚动轴承数据分析。故障模拟试验平台由电动机、转矩传感器、测功机和控制电子设备组成，如图 3-6 所示。试验采用电火花加工技术在型号为 6205-2RS-JEM-SKF 的滚动轴承上布置单点故障。轴承故障（点蚀）直径分别为 0.01778mm、0.03556mm、0.05334mm，故障深度为 0.2794mm，转速分别为 1797r/min、1772r/min、1750r/min、1730r/min，采样频率为 12kHz，采集到内圈（IR）、外圈（OR）、滚动体故障（BE）和正常（Norm）4 种状态的振动信号，每种状态取 3 组数据，每组数据长度为 4096。

图 3-6　美国凯斯西储大学滚动轴承故障模拟试验平台

1. 试验 1

考虑转速 1797r/min、负载 0HP，转速 1772r/min、负载 1HP，转速 1750r/min、负载 2HP 和转速 1730r/min、负载 3HP 共 4 种条件，采集到的正常滚动轴承的振动信号，依次分别记为 Norm1、Norm2、Norm3 和 Norm4；同时考虑在转速 1730r/min、负载 3HP 条件下，轴承故障直径分别为 0.01778mm、0.03556mm、0.05334mm 的内圈故障滚动轴承的振动信号，分别记为 IR1、IR2、IR3，滚动轴承振动信号的时域波形如图 3-7 所示。

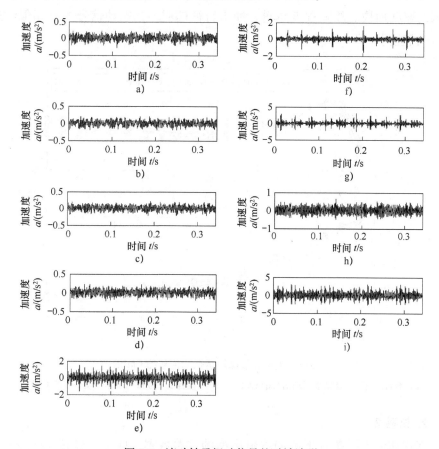

图 3-7　滚动轴承振动信号的时域波形

a) Norm1　b) Norm2　c) Norm3　d) Norm4　e) IR1　f) IR2　g) IR3　h) BE　i) OR

由图 3-7 可以看出，4 种正常滚动轴承的振动信号波形无明显区别，3 种具有内圈故障滚动轴承的振动信号也无明显区别，虽然随着故障程度的增加，冲击特征较明显，但故障程度仍然不易辨别。

采用 CMFE 分析上述振动信号，结果如图 3-8 所示。首先，由图 3-8a 可以看出，对于不同转速和负载的正常滚动轴承信号的 CMFE 曲线的变化趋势基本是一致的。这说明 CMFE 曲线受转速和负载的变化影响较小，对工况有很好的鲁棒性。其次，图 3-8b 中具有内圈故障振动信号的 CMFE 曲线是才几乎接近于单调递减的，这是因为当出现内圈故障时，滚动轴承的振动出现周期性的冲击，振动信号的自相似性增加，熵值降低。最后，随着故障程度的加重，熵值递减的速度加快。故障程度越重，冲击特征越明显，振动信号的自相似性越强，熵值越小。

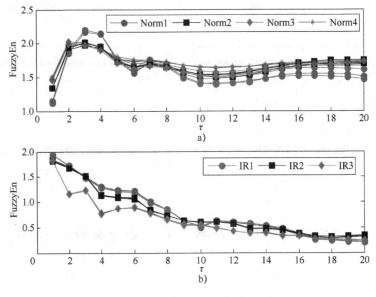

图 3-8 正常和故障轴承振动信号的 CMFE

a) 不同工况下正常轴承振动信号的 CMFE b) 不同程度内圈故障轴承振动信号的 CMFE

2. 试验 2

考虑相同工况条件下不同故障类型的试验数据，即考虑转速 1730r/min、负载 3HP 条件下正常以及轴承故障直径为 0.1778mm 的内圈、外圈和滚动体故障的滚动轴承振动信号。采用 CMFE 对上述每种状态的 3 组数据进行分析，结果如图 3-9 所示。从图 3-9 中可以看出，首先，在大部分尺度上，正常轴承的振动信号模糊熵值较大，且随着尺度因子的增大逐渐平缓，而 3 种具有故障的滚动轴承的振动信号的 CMFE 曲线出现逐渐递减趋势。这是因为滚动轴承在正常工作时，振动虽然是随机振动，但这种随机性类似 $1/f$ 噪声，包含了重要的系统信息。当轴承发生故障时，故障部位会成为一个激励源不断持续地产生冲击，因此，得到的振动信号具有明显的规律性和自相似性。最明显的是，故障滚动轴承包含以故障特征频率为间隔的冲击成分，导致相应的自相似性程度增加，复杂性程度降低，熵值降低。

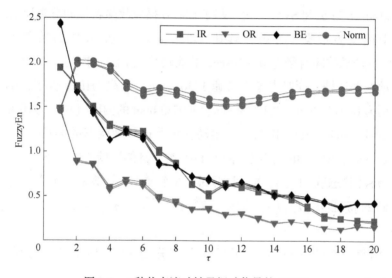

图 3-9　4 种状态滚动轴承振动信号的 CMFE

在大部分尺度上，发生滚动体故障的滚动轴承振动信号的 CMFE 大于发生内圈故障的滚动轴承振动信号的 CMFE，大于发生外圈故障的滚动轴承振动信号的 CMFE。这是因为当出现故障时，系统振动信号具有明显的冲击特征，但不同位置的故障，其冲击频率不同，信号的复杂性程度也不同。当外圈发生故障时，冲击特征频率单一，外圈与内圈和滚动体相比，外圈是固定的，外圈故障特征频率最小，自相似性和规律性最强。故此，随着尺度因子的增加，外圈故障滚动轴承振动信号的 CMFE 下降速度最快。内圈则随轴一起转动，滚动体不仅要随轴转动，还要自转，所以滚动体故障的特征频率最大。因此，理论上滚动体故障要比内圈故障更为复杂。同时，单一尺度上的 CMFE 并不能有效地区分故障。当尺度因子等于 1 时，CMFE 即为原信号的模糊熵，从图 3-9 中可以看出，正常滚动轴承振动信号的熵值较小，小于 3 种故障滚动轴承振动信号的模糊熵，很容易得出正常滚动轴承的振动信号复杂性程度低、自相似性程度高、比故障滚动轴承的振动信号复杂的错误观点。因此，与传统的基于单一尺度的模糊熵相比，CMFE 能够更好更全面地反映故障信息，这也说明了进行多尺度分析的必要性和优越性。

通过以上分析可以发现，尽管 CMFE 对转速和负载等工况条件不敏感，但仅仅从 CMFE 曲线无法直接确定故障类别和故障程度。为了提高故障诊断的效率，尝试将 FS 方法和 SVM 应用于基于 CMFE 提取故障特征的分类识别。

对上述试验数据，考虑在转速 1730r/min、负载 3HP 的条件下，正常（Norm）及轴承故障直径为 0.1778mm 的滚动体（BE）和外圈（OR）故障的滚动轴承振动信号。同时考虑在转速 1730r/min、负载 3HP 条件下，轴承故障直径分别为 0.01778mm、0.03556mm、0.05334mm 的内圈（IR）故障滚动轴承的振动信号（IR1、IR2、IR3）。将滚动轴承上述 6 种状态的振动信号：Norm、BE、OR、IR1、IR2、IR3 依次标记为 1~6 类。具体试验步骤如下：

1）每种状态取 21 个样本，共得到 126 个样本；计算每一类样本的 CMFE，得到它们的特征集 (T^k, k)，其中，$T^k \in R^{M_k \times \tau_{max}}$，$\tau_{max} = 20$，$M_k = 20$，$k = 1$，$2, \cdots, 6$。

2）将每一类特征集的 21 个样本随机分为 14 个训练样本特征集 $T_1^k \in R^{13 \times \tau_{max}}$ 和 7 个测试样本特征集 $T_2^k \in R^{7 \times \tau_{max}}$，$k = 1, 2, \cdots, 6$。

3）采用 FS 方法对所有类别训练特征集的 τ_{max} 个特征值依照得分的高低进行排序，将得分较高的前 q 个特征作为训练样本的敏感故障特征子集 $C_1^k \in R^{13 \times q}$，同时得到测试样本的敏感故障特征子集 $C_2^k \in R^{7 \times q}$，一般地，选择 $q = 5$，$k = 1, 2, \cdots, 6$。

4）将训练样本的敏感故障特征子集 $C_1^k \in R^{13 \times q}$（$k = 1, 2, \cdots, 6$）输入基于 SVM 的多故障分类器进行训练；SVM 的其他参数为初始参数，核函数为线性函数。

5）将测试样本的敏感故障特征子集 $C_2^k \in R^{7 \times q}$（$k = 1, 2, \cdots, 6$）输入基于 SVM 的多故障分类器进行测试，测试样本的诊断结果见表 3-1。

由表 3-1 可以看出，测试样本的识别率达到 100%，所有的测试样本都得到了正确分类，这也说明上述方法的有效性。

表 3-1　测试样本的诊断结果

测 试 样 本	故 障 类 别	SVM1	SVM2	SVM3	SVM4	SVM5	诊 断 结 果
$S_1 \sim S_7(\in C_2^1)$	正常	+1(7)	—	—	—	—	正常
$S_8 \sim S_{14}(\in C_2^2)$	外圈故障	-1(7)	+1(7)	—	—	—	外圈故障
$S_{15} \sim S_{21}(\in C_2^3)$	滚动体故障	-1(7)	-1(7)	-1(7)	—	—	滚动体故障
$S_{22} \sim S_{28}(\in C_2^4)$	内圈故障1	-1(7)	-1(7)	-1(7)	-1(7)	—	内圈故障1
$S_{29} \sim S_{35}(\in C_2^5)$	内圈故障2	-1(7)	-1(7)	-1(7)	-1(7)	+1(7)	内圈故障2
$S_{36} \sim S_{42}(\in C_2^6)$	内圈故障3	-1(7)	-1(7)	-1(7)	-1(7)	-1(7)	内圈故障3

为了不失一般性，分别考虑特征向量为单一尺度模糊熵和随机选择5个尺度时的CMFE的情形。单一尺度的模糊熵选择尺度因子等于1时，随机选择的5个尺度的CMFE为：1、7、10、15和19。在相同参数条件下分别对基于SVM的多故障分类器进行训练和测试。其中，采用单一尺度的模糊熵对所有特征进行训练和测试时，样本分类错误率较高，结果不理想，不再列出。随机选择5个尺度的CMFE作为特征子集对基于SVM的多故障分类器进行训练和测试时，测试样本的诊断结果见表3-2。测试样本的第5类内圈故障2的一个样本被错分为第6类内圈故障3中，故障识别率为97.6%。因此，上述对比表明，单一尺度的熵值并不能完全反应故障的本质特征，这说明进行多尺度分析的必要性。同时，随机选择的5个尺度的CMFE作为特征向量进行训练和测试的识别率比所提方法识别率低，这说明了上述方法中进行FS特征选择的必要性。

表 3-2　随机选择5个尺度特征时测试样本的诊断结果

测 试 样 本	故 障 类 别	SVM1	SVM2	SVM3	SVM4	SVM5	诊 断 结 果
$S_1 \sim S_7(\in C_2^1)$	正常	+1(7)	—	—	—	—	正常
$S_8 \sim S_{14}(\in C_2^2)$	外圈故障	-1(7)	+1(7)	—	—	—	外圈故障
$S_{15} \sim S_{21}(\in C_2^3)$	滚动体故障	-1(7)	-1(7)	-1(7)	—	—	滚动体故障
$S_{22} \sim S_{28}(\in C_2^4)$	内圈故障1	-1(7)	-1(7)	-1(7)	-1(7)	—	内圈故障1
$S_{29} \sim S_{35}(\in C_2^5)$	内圈故障2	-1(7)	-1(7)	-1(7)	-1(7)	+1(6), -1(1)	内圈故障2
$S_{36} \sim S_{42}(\in C_2^6)$	内圈故障3	-1(7)	-1(7)	-1(7)	-1(7)	-1(7)	内圈故障3

3.3 广义精细复合多尺度模糊熵

3.3.1 广义精细复合多尺度模糊熵算法

复合多尺度模糊熵（CMFE）是测量时间序列复杂度的重要工具，已被广泛应用于齿轮箱、滚动轴承状态监测及其振动故障特征的提取。然而，基于粗粒化的多尺度方法是将一个时间序列分割为等长的非重叠片段再计算每一个片段内所有数据点的均值，通过计算数据的均值这单一特征得到原始信号不同尺度的序列，这样操作不可避免地会造成许多有用信息丢失。对此，本小节介绍了一种新的时间序列复杂度测量方法——广义精细复合多尺度模糊熵（GRCMFE），GRCMFE 将粗粒化过程中一阶矩（均值）推广到二阶矩（方差），并对粗粒化过程进行精细化处理。在 GRCMFE 方法中，首先构造了 3 种广义粗粒化方法，即求解粗粒化均值（$GRCMFE_m$）、二阶矩（$GRCMFE_v$）和标准差（$GRCMFE_s$）方法，以降低产生未定义熵的概率，得到更准确的熵值。广义精细复合多尺度模糊熵的计算步骤如下：

1）对于给定的归一化时间序列 $X = \{x(i), i=1,2,\cdots,N\}$，定义广义粗粒化时间序列 $y_k^{(\tau)} = \left\{ y_{k,j}^{(\tau)} \right\}_{j=1}^{N_\tau}$ 为

$$y_{k,j}^{(\tau)} = \begin{cases} \dfrac{1}{\tau} \sum_{i=(j-1)\tau+k}^{j\tau+k-1} x_i & (3\text{-}4a) \\[3mm] \dfrac{1}{\tau} \sum_{i=(j-1)\tau+k}^{j\tau+k-1} (x_i - \overline{x}_i)^2 & (3\text{-}4b) \\[3mm] \dfrac{1}{\tau} \sum_{i=(j-1)\tau+k}^{j\tau+k-1} (x_i - \overline{x}_i) & (3\text{-}4c) \end{cases}$$

式中，$\overline{x}_i = \dfrac{1}{\tau} \sum_{k=0}^{\tau-1} x_{i+k}$；$1 \leqslant j \leqslant N_\tau$；尺度因子 $\tau = 2,3,\cdots$；$0 \leqslant k \leqslant \tau-1$；$N_\tau$ 为不大于 N/τ 的最大整数。

通过式（3-4）可以发现，当 $\tau = 1$ 时，$y_k^{(1)}$ 在式（3-4a）中为原时间序列，在式（3-4b）和式（3-4c）中均为零。式（3-4a）的粗粒化方式实际等价于线性均值滤波器工作方式，获得的时间序列由 N_τ 个片段组成，没有重叠，并可

计算出 τ 个片段的平均值，这将导致很多潜在的重要信息被丢弃。为了解决这个问题，通过使用式（3-4b）、式（3-4c）中随机变量分布的不同二阶矩（方差和标准差）来粗粒化原始时间序列，将 MFE 方法推广到一系列统计数据分析中。

2）当尺度因子 $\tau \geqslant 2$ 时，利用 $\phi_k^m(r)$ 和 $\phi_k^{m+1}(r)$ 可分别计算出维数 m 和 $m+1$ 的所有广义粗粒化时间序列 $y_k^{(\tau)}$（$k=0,1,\cdots,\tau-1$）的匹配模板的概率。相同尺度因子中所有 $\phi_k^m(r)$ 和 $\phi_k^{m+1}(r)$ 的平均值通过 $\overline{\phi}^m(r) = \dfrac{1}{\tau-1}\sum\limits_{k=2}^{\tau}\phi_k^m(r)$ 和

$\overline{\phi}^{m+1}(r) = \dfrac{1}{\tau-1}\sum\limits_{k=2}^{\tau}\phi_k^{m+1}(r)$ 计算。

3）定义每个尺度因子下的（$\tau \geqslant 2$）GRCMFE 为

$$\text{GRCMFE}(X, m, r, \tau) = -\ln\left(\frac{\overline{\phi}^m(r)}{\overline{\phi}^{m+1}(r)}\right) \tag{3-5}$$

4）令 $\tau = \tau+1$，在相同参数下重复步骤 2）和步骤 3），直到 $\tau = \tau_{\max}$（预设的最大尺度因子）。

在 GRCMFE 方法中，式（3-4a）在粗粒化中使用平均值，相应 GRCMFE 算法记为 GRCMFE$_m$。式（3-4b）中的二阶矩（无偏方差）和式（3-4c）中的标准差用于计算粗粒序列，相应的 GRCMFE 算法分别被记为 GRCMFE$_v$ 和 GRCMFE$_s$。与 MFE 类似，GRCMFE 也可用来衡量时间序列在多个尺度上的复杂性。MFE 和 GRCMFE 的计算过程对比如图 3-10 所示。

3.3.2　仿真试验分析

本小节以随机高斯白噪声和 $1/f$ 噪声为研究对象，通过与 MSE、MFE、GMFE$_v$ 和 GMFE$_s$ 方法进行比较，对 GRCMFE 三种类型的算法进行性能评估（其中 GMFE$_v$、GMFE$_s$ 通过使用广义粗粒化代替 MFE 中传统的粗粒化方式）。高斯白噪声和 $1/f$ 噪声的时域波形如图 3-11 所示。本小节分别计算了 50 组不同高斯白噪声和 $1/f$ 噪声的 MSE、MFE、GMFE$_v$、GMFE$_s$、GRCMFE$_m$、GRCMFE$_v$ 和 GRCMFE$_s$，采样时间为 0.5s。结果如图 3-12 所示，其中 $m=2$，$r=0.15\text{SD}$，并根据本章参考文献［8-9］，设最大尺度因子为 20。

机械故障诊断的复杂性理论与方法

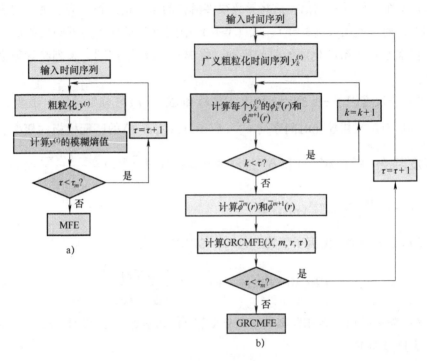

图 3-10　MFE 和 GRCMFE 的计算过程对比

a）MFE 计算流程　b）GRCMFE 计算流程

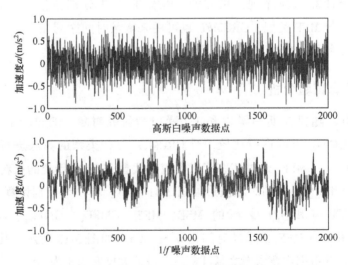

图 3-11　高斯白噪声和 1/f 噪声的时域波形

48

首先，从图 3-12a 可以发现，在利用 MSE 分析噪声信号时，尽管它可以区分高斯白噪声和 $1/f$ 噪声，但在较大尺度因子下没有定义。其次，从图 3-12c 和图 3-12f 可以发现，随着尺度因子的增加，GMFE_v 和 GRCMFE_v 几乎具有相同的变化趋势。但是，GRCMFE_v 中两种噪声曲线的波动和标准差相较 GMFE_v 都更小，从图 3-12d 与图 3-12g 和图 3-12b 与图 3-12e 的比较结果中也可以发现这一现象。

此外，不同方法中高斯白噪声和 $1/f$ 噪声 SD 的对比如图 3-13 所示，从图中可以看出高斯白噪声和 $1/f$ 噪声的 MFE、GMFE_v 和 GMFE_s 的 SD 均分别大于对应的 GRCMFE_m、GRCMFE_v 和 GRCMFE_s。

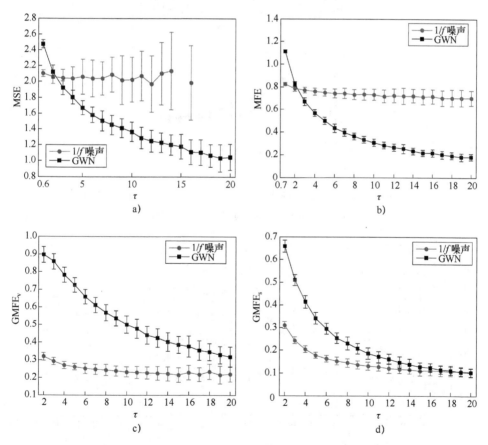

图 3-12   数据长度为 1000 的高斯白噪声和 $1/f$ 噪声的熵值

a) MSE   b) MFE   c) GMFE_v d) GMFE_s

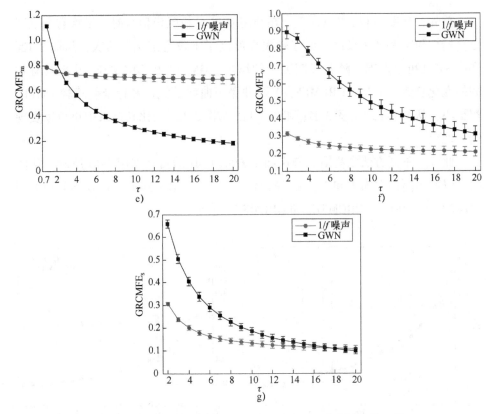

图 3-12 数据长度为 1000 的高斯白噪声和 1/f 噪声的熵值（续）

e) GRCMFE$_m$ f) GRCMFE$_v$ g) GRCMFE$_s$

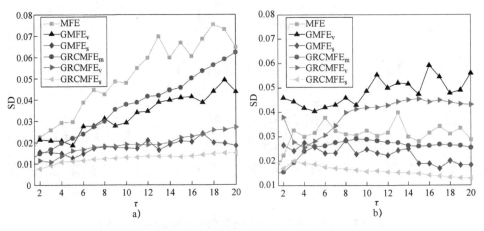

图 3-13 不同方法中高斯白噪声和 1/f 噪声 SD 的对比

a) 高斯白噪声 b) 1/f 噪声

因此，上述分析表明，GRCMFE 不仅能够区分两种噪声信号的复杂性特征，而且比 MSE、MFE 和 GMFE$_v$ 和 GMFE$_s$ 方法具有更强的鲁棒性。

3.3.3　GRCMFE 在滚动轴承故障诊断中的应用

GRCMFE 能够有效提取滚动轴承振动信号的非线性故障特征。但是，该法计算所得的故障特征中往往包含不相关或冗余的信息。特征选择时可以通过消除不相关和冗余的特征，从高维数据中选择所提取原始特征最相关或最重要的子集，以便在不丢失关键信息的情况下进行聚类和分类。

由于自然数据通常具有多个聚类结构，因此一个适合的特征选择算法应考虑以下两个方面：①所选特征能够最好地保留数据的集群结构；②在测量簇的优度时，应考虑固有流形结构[10]。多类特征选择（Multiclass Feature Selection，MCFS）方法是近些年提出的一种特征选择的降维工具，它能够选择最佳的特征来保留数据的聚类结构。因此，本小节利用 MCFS 方法对初始特征进行降维，以提高故障识别的效率，并采用多分类器来实现故障模式的智能分类。

支持向量机（SVM）是分类和回归分析中常用的有监督的机器学习算法。但是，SVM 中的核参数 g 和惩罚因子 c 需要优化，以提高 SVM 分类的精度。拉什德（Rashedi）等[11] 提出的引力搜索算法（Gravitational Search Algorithm，GSA）是一种基于随机种群的启发式优化工具，其基本思想是基于牛顿万有引力定律，将群体中各物体之间的万有引力相互作用作为信息传递的工具，实现个体的优化信息共享。大量公开数据集表明，可与粒子群优化（Particle Swarm Optimization，PSO）算法和遗传算法（Genetic Algorithm，GA）相比，GSA 能够获得更高的分类精度。因此，本小节采用 GSA 对基于 SVM 的多分类器进行优化。

基于 GRCMFE 与 GSA-SVM 的滚动轴承故障诊断方法步骤如下：

1）假设有 K 种不同故障位置和故障程度状态的滚动轴承，每种状态有 N_k 个样本，共有 $N = \sum_{k=1}^{K} N_k$ 个样本。

2）利用 3 种算法计算全部 N 个样本的 GRCMFE（GRCMFE$_m$、GRCMFE$_v$ 和 GRCMFE$_s$）的值，并构建初始故障特征数据集 $T^{N \times 3\tau_{max}}$。

3）将各类初始故障特征数据集分为训练特征集 $T^{M \times \tau_{max}}$ 和测试特征集

$Y^{Q \times \tau_{\max}}$，其中 $N = M + Q$，$Q = \displaystyle\sum_{k=1}^{K} Q_k$，$M = \displaystyle\sum_{k=1}^{K} M_k$，$M_k$ 和 Q_k 代表每个状态下的训练样本和测试样本的数量（$k = 1, 2, \cdots, K$）。

4）根据 MCFS 得分对训练特征集 $T^{M \times \tau_{\max}}$ 进行从高到低排序。选择前 d 个特征 $T_1^{M \times d}$（$d < 3\tau_{\max} - 2$），构建新的敏感故障特征进行训练，根据 MCFS 的结果构建敏感故障特征集 $Y_1^{Q \times d}$，并进行测试。

5）将训练样本的敏感故障特征集 $T_1^{M \times d}$ 输入基于 GSA-SVM 的多分类器中，并对参数和模型进行训练。

6）利用测试样本的敏感故障特征集 $Y_1^{Q \times d}$ 对训练后的 GSA-SVM 多分类器进行测试，根据输出结果可以识别滚动轴承的故障位置和故障程度。

故障诊断方法流程和 GSA-SVM 多分类器如图 3-14 所示。

为了验证上述滚动轴承故障诊断方法的有效性，将其应用于美国凯斯西储大学[12]的滚动轴承数据分析。本小节所采用滚动轴承试验数据见表 3-3，各状态滚动轴承振动信号的时域波形如图 3-15 所示，试验数据的详细描述见参考文献［13-14］。

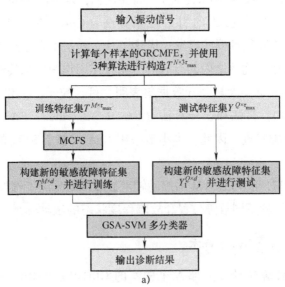

图 3-14　故障诊断方法流程和 GSA-SVM 多分类器

a）故障诊断方法流程

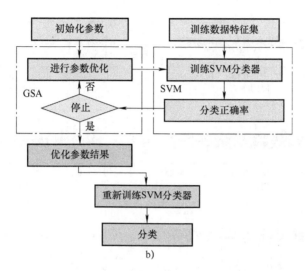

图 3-14　故障诊断方法流程和 GSA-SVM 多分类器（续）

b）GSA-SVM 多分类器

表 3-3　滚动轴承试验数据

故障位置	故障大小/mm	分类标签	故障位置	故障大小/mm	分类标签
滚动体轻微故障（BE1）	0.1778	1	外圈严重故障（OR3）	0.5334	6
滚动体中度故障（BE2）	0.3556	2	内圈轻微故障（IR1）	0.1778	7
滚动体严重故障（BE3）	0.5334	3	内圈中度故障（IR2）	0.3556	8
外圈轻微故障（OR1）	0.1778	4	内圈严重故障（IR3）	0.5334	9
外圈中度故障（OR2）	0.3556	5	正常（Norm）	0	10

在滚动轴承 10 种振动状态信号中，每种状态各选取 40 个样本，每个样本长度为 3000 个采样点，共获得 400 个样本。首先，为了对比分析，分别通过 MSE、MFE、$GMFE_v$、$GMFE_s$ 以及 GRCMFE 的 3 种算法（$GRCMFE_m$、$GRCMFE_v$、$GRCMFE_s$）来提取故障特征信息。不同方法计算的滚动轴承振动信号的多尺度熵如图 3-16 所示。观察图 3-16 可以发现，滚动轴承 10 种状态的 MSE、MFE 和 $GRCMFE_m$ 具有相似的变化趋势，随着尺度因子的增加，$GMFE_v$、$GMFE_s$、$GRCMFE_v$ 和 $GRCMFE_s$ 的变化趋势几乎相同。

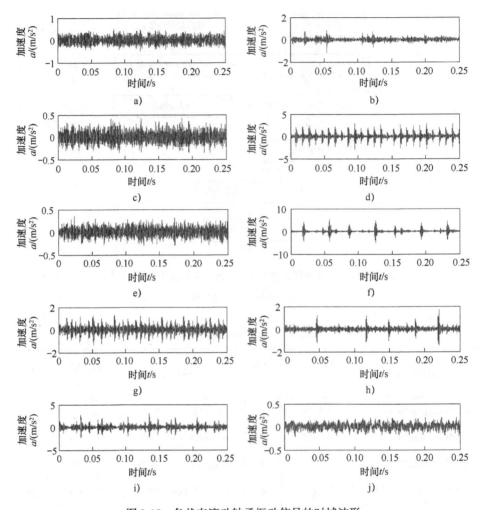

图 3-15　各状态滚动轴承振动信号的时域波形

a) BE1　b) BE2　c) BE3　d) OR1　e) OR2　f) OR3　g) IR1　h) IR2　i) IR3　j) Norm

特征提取后，将 3 种算法（$GRCMFE = [GRCMFE_m(1:20), GRCMFE_s(2:20), GRCMFE_v(2:20)]$，其中括号表示尺度因子）得到的初始故障特征数据集 $T^{400 \times 58}$ 集成到 GRCMFE 的故障表示中。从每类的 40 个样本中随机选择 20 个样本作为训练样本，其余 20 个样本作为测试样本，构建训练数据集 $T^{200 \times 58}$ 和测试数据集 $Y^{200 \times 58}$。然后利用 MCFS 方法训练特征集 $T^{200 \times 58}$，通过学习来选择最重要的敏感故障特征。此处选择前 6 个最重要的特征（$d=6$）来构建新的敏感

故障特征数据集 $\overline{T}^{200\times d}$，并进行训练，故障特征为 GRCMFE$_m$（7）、GRCMFE$_s$（7）、GRCMFE$_m$（13）、GRCMFE$_m$（1）、GRCMFE$_v$（4）、GRCMFE$_m$（3），同时，测试数据集 $\overline{Y}^{200\times d}$ 敏感故障特征通过训练数据集的特征顺序进行构建。

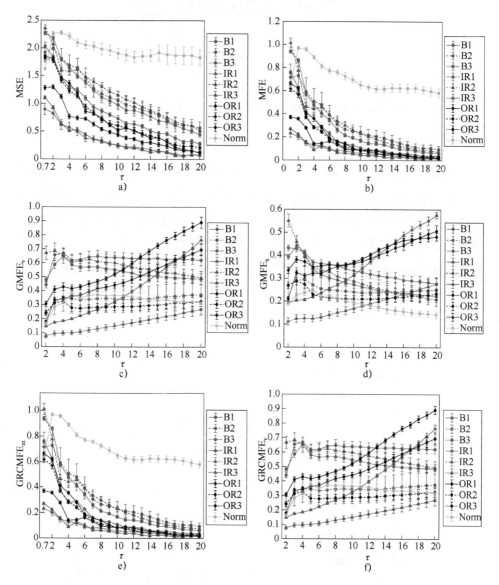

图 3-16　不同方法计算的滚动轴承振动信号的多尺度熵

a) MSE　b) MFE　c) GMFE$_v$　d) GMFE$_s$　e) GRCMFE$_m$　f) GRCMFE$_v$

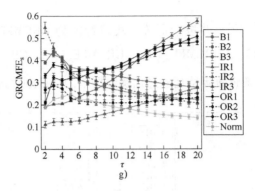

图 3-16　不同方法计算的滚动轴承振动信号的多尺度熵（续）

g）GRCMFE$_s$

　　提取故障特征后，采用 GSA-SVM 建立无须依赖人工经验的多分类器，实现智能故障诊断。将敏感故障特征数据集 $\overline{T}^{200 \times d}$ 输入 GSA-SVM 多分类器进行训练。这里将 GSA 的种群规模设置为 20，允许范围为 $0.01 \sim 100$。测试函数的维数等于 2，最大迭代次数等于 30，详细的初始参数参考文献［15］。然后，使用敏感故障特征测试数据集 $\overline{Y}^{200 \times d}$（$d = 6$）来测试训练后的多分类器，分类器的所有测试数据输出结果如图 3-17 所示，从图 3-17 中可以发现，200 个样本的所有故障特征分类准确，识别率为 100%。

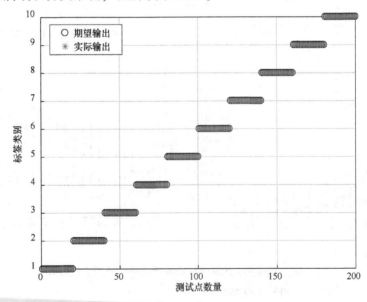

图 3-17　多故障分类器的所有测试数据输出结果

此外，为了研究故障特征数目的影响，分别令 $d = 1, 2, \cdots, 10$，利用 MCFS 方法构建新的敏感故障特征数据集，用于训练 $\overline{T}^{200 \times d}$ 和测试 $\overline{Y}^{200 \times d}$。值得注意的是，敏感故障特征数据集 $\overline{T}^{200 \times (d-1)}$ 不是故障特征数据集 $\overline{T}^{200 \times d}$ 的子集，不同数量的故障特征数据集的顺序不同，不同特征数量的特征选择见表 3-4。然后将训练数据集 $\overline{T}^{200 \times d}$ 输入 GSA-SVM 多分类器进行训练，将测试数据集 $\overline{Y}^{200 \times d}$ 输入到 GSA-SVM 多分类器进行测试，测试结果见表 3-5。从表 3-5 中看出，当输入的特征数大于 4(5~10) 时，滚动轴承的故障识别率大于 99%。

表 3-4 不同特征数量的特征选择

特 征 数 量	特 征 选 择	特 征 数 量	特 征 选 择
1	1	6	[7;27;13;1;44;3]
2	[43;60]	7	[22;7;16;14;10;13;48]
3	[13;44;40]	8	[15;7;10;16;22;20;1;3]
4	[13;7;44;60]	9	[10;7;15;16;22;20;14;2;3]
5	[13;7;27;1;44]	10	[10;7;16;15;22;14;2;20;28;36]

表 3-5 具有不同特征数的不同特征提取方法的识别率（%）

方 法	$d=1$	$d=2$	$d=3$	$d=4$	$d=5$	$d=6$	$d=7$	$d=8$	$d=9$	$d=10$
MSE	84.0	72.0	82.0	97.5	99.0	99.5	99.5	99.5	100	100
MFE	84.5	96.0	97.5	99.5	100	100	100	100	100	100
GMFE$_v$	81.5	89.5	92.5	98.0	98.5	97.0	99.0	99.0	99.0	99.0
GMFE$_s$	80.5	98.0	99.5	99.5	98.0	97.5	100	100	99.5	97.0
GRCMFE$_m$	84.5	82.5	93.0	100	100	100	100	100	100	100
GRCMFE$_v$	84.5	91.5	96.5	97.0	99.5	99.5	99.5	99.5	99.5	99.5
GRCMFE$_s$	82.5	94.0	92.0	98.0	99.0	99.5	99.5	99.0	99.0	98.5
GRCMFE	84.5	95.0	100	100	100	100	100	100	100	100

此外，为了对比分析，还采用 MSE、MFE、GMFE$_v$、GMFE$_s$、GRCMFE$_m$、GRCMFE$_v$、GRCMFE$_s$ 等单个特征提取方法来提取滚动轴承振动信号的故障特征信息。与基于 GRCMFE 的故障诊断方法类似。首先，利用这几种方法对所有 400 个样本进行故障特征提取，分别构建初始故障特征数据集。然后，将每种

状态的 40 个样本随机分为 20 个样本进行训练，剩下的 20 个样本进行测试。其次，当特征数量 $d=1,2,\cdots,10$ 时，利用 MCFS 根据训练数据集选择最重要的敏感故障特征，构建敏感故障特征数据集。再次，利用训练数据集中新的敏感故障特征，以与上述方法相同的参数集来训练 GSA-SVM 多故障分类器。最后，将测试数据集中新的敏感故障特征输入训练好的多分类器中进行测试，相应的识别率见表 3-5，各方法使用不同数量的输入特征数的识别率如图 3-18 所示。从表 3-5 和图 3-18 可以看出，所用方法当 MCFS 选择的故障特征大于或等于 3 时，即可区分出滚动轴承的 10 种状态，且识别率为 100%。对于单个故障特征提取方法，$GRCMFE_m$ 需要 4 个特征，MFE 需要 5 个特征，$GMFE_s$ 需要 7 个特征，MSE 需要 9 个特征来区分滚动轴承的 10 种状态。而基于 $GMFE_v$、$GRCMFE_v$ 和 $GRCMFE_s$ 的故障特征提取方法不能完全清楚地区分滚动轴承的 10 种状态。因此，该故障诊断案例表明了 GRCMFE 在故障特征表征和识别方面的有效性。

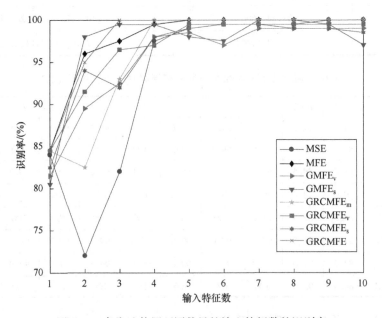

图 3-18　各方法使用不同数量的输入特征数的识别率

此外，不同输入特征数的不同方法对应的识别率见表 3-6。对于不同的 $d(d=1,2,\cdots,10)$，GRCMFE 中使用 MCFS 选择的故障特征见表 3-7。从表 3-6

可以发现，当 GRCMFE 的故障特征数大于 3 时，所用故障诊断方法的识别率最高（大于或等于 4 时为 100%），这进一步说明了所用方法的优越性。

表 3-6　不同输入特征数的不同方法对应的识别率（%）

方　　法	$d=1$	$d=2$	$d=3$	$d=4$	$d=5$	$d=6$	$d=7$	$d=8$	$d=9$	$d=10$
MSE	81.7	68.0	72.3	96.7	97.0	95.7	98.3	98.3	98.7	99.0
MFE	82.0	70.3	87.7	99.3	98.3	99.0	99.3	99.3	99.3	99.3
GMFE$_v$	76.3	86.3	90.0	96.3	97.0	97.7	97.0	97.7	97.3	97.3
GMFE$_s$	73.0	86.3	96.0	95.7	95.0	95.3	98.0	95.0	94.3	94.0
GRCMFE$_m$	82.0	95.0	96.3	99.3	99.7	99.7	99.7	99.7	99.7	99.7
GRCMFE$_v$	81.3	89.7	98.7	98.7	98.0	95.0	95.3	95.7	95.3	95.7
GRCMFE$_s$	74.7	92.7	90.7	97.7	97.3	97.7	97.0	96.7	96.0	95.7
GRCMFE	82.0	93.3	99.7	100	100	100	99.7	99.7	100	100

表 3-7　GRCMFE 中使用 MCFS 选择的故障特征

特 征 数 量	特 征 选 择	特 征 数 量	特 征 选 择
1	1	6	［44;20;4;1;6;29］
2	［18;8］	7	［20;43;4;1;6;42;2］
3	［18;4;42］	8	［20;43;5;4;1;6;42;29］
4	［18;42;44;40］	9	［4;6;44;5;43;20;42;3;23］
5	［18;44;40;20;4］	10	［4;6;5;43;42;44;3;19;23;45］

3.4　多变量多尺度模糊熵

行星齿轮箱具有传动比大、承载能力强、传动效率高等优点，已被广泛应用于风力发电、直升机、化工机械等大型复杂机械装备中。非平稳且复杂的工作环境可能导致其太阳轮、行星轮、行星架等关键部件出现磨损或疲劳裂纹等情况。现有行星齿轮箱故障诊断方法往往只采用垂直箱体方向振动信号进行诊断而忽略了其他方向振动信息。行星齿轮箱振动传输路径复杂，传感器采集的行星齿轮箱各个方向的振动信号往往都包含了重要信息。尽管通常单一方向或路径的振动信号能够有效地诊断故障，但由于故障响应比较微弱，因此综合多通道振动信号信息则能够得到更准确的故障诊断效果。随着多传感测量技术的发展，通过对一个或多个传感器同步观测的多通道数据序列内及序列间的动态相互关系进行评估，已成为一种有效的数据分析方法，越来越受到研究者的重视[16]。

3.4.1 多变量多尺度模糊熵算法

MFE 能够有效地解决 MSE 由于时间序列变短而导致熵值突变的问题，但 MSE 和 MFE 都是单变量分析方法。艾哈迈德（Ahmed）等在传统单变量复杂度测量的基础上[17-18]，结合多维嵌入重构理论，提出了多变量样本熵（Multivariate Sample Entropy，MvSampEn），并将其扩展到多尺度，提出了多变量多尺度熵（Multivariate Multiscale Entropy，MMSE）。MMSE 不仅能够测量多通道数据序列中每一个序列自身的复杂性（序列内模式的自相似性），而且还考虑了多个通道序列之间的互预测性，从复杂性、互预测性和长时相关性角度评价了多通道时间序列的动态相互关系，展现了多通道时间序列内在的非线性耦合特征，在生物血压数据分析[19]和呼吸序列分析[20-21]等多个领域得到了应用。

在 MMSE 的基础上，本小节采用模糊熵代替样本熵，结合多变量多尺度粗粒化，提出了多变量多尺度模糊熵（Multivariate Multiscale Fuzzy Entropy，MMFE）这一概念，用来衡量多通道时间序列的复杂性和相互预测性。通过将 MMFE 应用到行星齿轮箱故障诊断中，同时结合基于粒子群优化的支持向量机（Particle Swarm Optimization Support Vector Machine，PSO-SVM）[22-23]构建多故障分类器，从而实现行星齿轮箱的故障诊断。通过试验数据将所提方法与基于 MSE、MFE 以及 MMSE 的故障诊断方法进行对比分析，结果表明，使用 MMFE 方法的故障识别率更高。

为了计算多变量样本熵或多变量模糊熵，需要依据 Takens 嵌入定理产生多变量嵌入向量。多变量多尺度模糊熵的计算步骤如下：

1）对包含 p 个变量的归一化时间序列：$\{u_{k,i}\}_{i=1}^{N}$，$k=1,2,\cdots,p$，通过式（3-6）进行多维延迟时间嵌入重构，得到多变量复合延迟时间向量为

$$\boldsymbol{X}_m(i)=(u_{1,i},\cdots,u_{1,i+(m_1-1)d_1},u_{2,i},\cdots,u_{2,i+(m_2-1)d_2},\cdots,u_{p,i},\cdots,u_{p,i+(m_p-1)d_p})$$

$$(3-6)$$

令 $\boldsymbol{X}_m(i)=(z_i,z_{i+1},\cdots,z_{i+m-1})$，$(i=1,2,\cdots,N-n)$，$\boldsymbol{M}=(m_1,m_2,\cdots,m_p)$ 是

嵌入维数向量，$\boldsymbol{d}=(d_1,d_2,\cdots,d_p)$ 是延迟时间，$m=\sum_{k=1}^{p}m_k$ 是总维数，$k=1$，$2,\cdots,p$，$n=\max\{M\}\max\{\boldsymbol{\lambda}\}$。

2）定义 $\boldsymbol{X}_m(i)$ 与 $\boldsymbol{X}_m(j)$ 之间的距离为

$$d[\boldsymbol{X}_m(i),\boldsymbol{X}_m(j)]=d_{ij}^m=\max\{\,|z_{i+l-1}-z_{j+l-1}|,\ l=1,2,\cdots,m\},\ i\neq j$$

(3-7)

3）通过模糊函数 $\mu(d_{ij}^m,n,r)$ 定义 $\boldsymbol{X}_m(i)$ 与 $\boldsymbol{X}_m(j)$ 的相似度 D_{ij}^m，即

$$D_{ij}^m=\mu(d_{ij}^m,n_1,r)=\mathrm{e}^{-\ln 2(d_{ij}^m/r)^{n_1}}$$

(3-8)

式中，$\mu(d_{ij}^m,n_1,r)$ 是指数形式的模糊隶属函数；n_1 和 r 分别是其边界梯度和宽度。

4）定义函数为

$$\phi^m(n_1,r)=\frac{1}{N-m}\sum_{i=1}^{N-m}\left(\frac{1}{N-m-1}\sum_{\substack{j=1\\j\neq i}}^{N-m}D_{ij}^m\right)$$

(3-9)

将嵌入维数 m 扩展到 $m+1$，由于包含 p 个序列，通过分别扩展 $m_k+1(k=1,2,\cdots,p)$ 可获得 $p(N-n)$ 个重构向量 $\boldsymbol{X}_{m+1}(i)$。对于 $m+1$，在一个固定的阈值内，延迟向量对的平均数目可由两种方式得到：第一种是对于 $m+1$ 维空间的第 k 个子空间，可以在一个固定的阈值内计算延迟向量对的平均数目，然后再对 p 个子空间求平均数；第二种方法是考虑所有子空间的延迟向量，然后在 p 个子空间内部直接对比延迟向量，得到

$$\phi^{m+1}(n_1,r)=\frac{1}{p(N-m)}\sum_{i=1}^{p(N-m)}\left(\frac{1}{N-m-1}\sum_{j=1,\,j\neq i}^{p(N-m)}D_{ij}^{m+1}\right)$$

(3-10)

5）定义多变量模糊熵为

$$\mathrm{MvFE}(M,\tau,r,n_1)=\lim_{N\to\infty}[\ln\phi^m(n_1,r)-\ln\phi^{m+1}(n_1,r)]$$

(3-11)

当 N 有限时，式（3-11）近似表示为

$$\mathrm{MvFE}(m,n,r,N)=\ln\phi^m(n_1,r)-\ln\phi^{m+1}(n_1,r)$$

(3-12)

6）将多变量模糊熵扩展到多尺度，则将归一化的 p 变量的时间序列 $\{x_{k,i}\}_{i=1}^N$，$k=1,2,\cdots,p$ 进行粗粒化处理，得

$$y_{k,j}^{(\tau)}=\frac{1}{\tau}\sum_{i=(j-1)\tau+1}^{j\tau}x_{k,i},\ 1\leqslant j\leqslant N/\tau$$

(3-13)

7）计算每一个多变量粗粒化序列 $y_{k,j}^{(\tau)}$ 的多变量模糊熵，并将其转化成尺

度因子的函数。

MMFE 是对归一化多通道时间序列复杂性的量度，其几何解释如下：①如果在大部分尺度上，多变量时间序列 X 的多变量模糊熵值比 Y 大，那么就认为 X 的动力学行为比 Y 更复杂；②如果多变量时间序列 X 的多变量多尺度模糊熵随着尺度因子的增加而单调递减，这意味着 X 仅在最小尺度上包含较多的有用信息，典型例子如随机白噪声或可预测的信号[17]。MMFE 不仅考虑了多通道数据序列中每一个时间序列内模式的自相似性，同时还考虑了多个通道序列之间的互预测性。因此，MMFE 从复杂性、互预测性和长时相关性角度评价了多通道时间序列的动态相互关系。

3.4.2　仿真试验分析

在 MMFE 的计算中，影响计算结果的参数主要有：①多维延迟时间 $d = (d_1, d_2, \cdots, d_p)$ 和总维数 $\boldsymbol{M} = (m_1, m_2, \cdots, m_p)$，$k = 1, 2, \cdots, p$；②时间序列的长度 N；③控制模糊隶属函数梯度和宽度的 n_1 和 r。首先，结合单变量的嵌入定理及多变量多尺度熵的相关分析，$m_k = 2$，$\tau_k = 1 (k = 1, 2, \cdots, p)$ 时对 MMFE 的计算结果影响较小。其次，时间序列长度对 MMFE 的计算有一定的影响。不失一般性，考虑长度为 $N_i = 1000i(i = 1, 2, \cdots, 6)$ 的三通道高斯白噪声信号，在其他参数相同的条件下计算对应的 MMFE，结果如图 3-19 所示。由图 3-19 中可以看出，当时间序列长度大于 2000 时，不同长度高斯白噪声信号的 MMFE 相差较小，因此，一般选择 $N \geq 2000$。

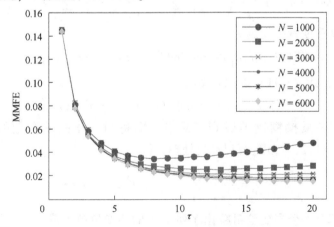

图 3-19　不同长度三通道高斯白噪声的 MMFE 对比

在单变量信号分析方法中，高斯白噪声序列的 MSE 熵值随着尺度因子增大而单调递减，而 $1/f$ 噪声的 MSE 熵值在较大尺度因子下逐渐趋于稳定[24]，这与 $1/f$ 噪声比高斯白噪声结构更复杂的事实一致。对于多通道数据而言，含有 $1/f$ 噪声序列的通道越多，其多变量复杂度应该越大，MMFE 和 MMSE 的仿真结果也应与该结论一致[25]。

为此，采用三通道数据进行验证，仍以高斯白噪声和 $1/f$ 噪声为例。根据三通道数据中含有高斯白噪声和 $1/f$ 噪声组合情况分为 4 组，即①三通道 $1/f$ 噪声；②两通道 $1/f$ 噪声，一通道高斯白噪声；③一通道 $1/f$ 噪声，两通道高斯白噪声；④三通道高斯白噪声。每种状态的仿真数据采用 10 个样本（数据长度为 4096 点），并绘制 MMSE 和 MMFE 的均值和标准差曲线。

依据多尺度熵理论得，在大部分尺度上它们的熵值关系应该有：①>②>③>④。分别采用 MMSE 和 MMFE 对上述信号进行分析，结果如图 3-20 所示，其中 MMFE 中模糊熵的参数 n_1 和 r 的选择，依据文献［25］，设 $n_1 = 2$，$r = 0.15SD$（SD 为多通道数据标准差）。从图 3-20 可以看出，在大部分尺度上熵值关系有：①>②>③>④，与理论结果相符，这说明 MMSE 和 MMFE 能够有效反映多通道数据序列的复杂度。此外，随着尺度因子增加，三通道 $1/f$ 噪声的熵值与两通道 $1/f$ 噪声、一通道高斯白噪声的 MMSE 相比有一定的波动，且在较大的尺度上有重叠，因此，MMSE 对 4 种组合的多通道噪声的区分效果明显不如 MMFE。

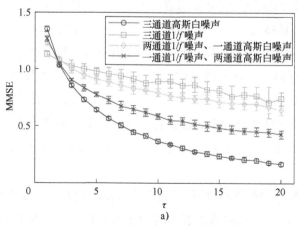

图 3-20　多通道噪声数据的熵值

a）MMSE

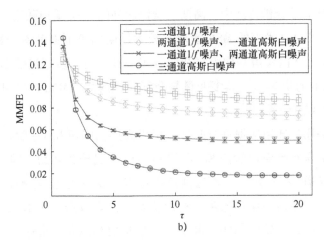

图 3-20　多通道噪声数据的熵值（续）

b）MMFE

3.4.3　MMFE 在行星齿轮箱故障诊断中的应用

太阳轮是行星齿轮箱的关键部件，当其发生故障时，往往以振动的形式向外传递信号，但传递路径较为复杂。为了尽可能更精确地利用振动信号实现齿轮箱的故障诊断，对齿轮箱多个方向的振动信号进行评估与分析不失为一种有效的途径。

基于 MMFE 的优势，同时采用适合小样本分类的支持向量机（SVM）实现行星齿轮箱状态的智能分类。由于惩罚因子 c 和核函数 g 取值对 SVM 预测精度有一定的影响，需采用优化算法在一定区域内搜索参数最优组合，以获得具有较好分类性能的 SVM。粒子群优化（PSO）是一种基于群体的智能寻优算法，首先初始化一群随机粒子（随机解），然后通过迭代寻找最优解。在每次迭代中粒子通过跟踪个体极值和全局极值完成更新，个体极值为粒子本身所找到的最优解，全局极值为整个种群目标的最优解。PSO-SVM 参数优化过程如图 3-21a 所示。

基于 MMFE 和 PSO-SVM 的行星齿轮箱故障诊断方法，具体步骤如下：

1）假设有 K 种不同故障状态的齿轮箱振动信号，每种状态有 M 个样本，随机选择其中的 M_1 组数据作为训练样本，剩余 $M-M_1$ 组数据作为测试样本。

2）分别计算所有样本的 MMFE，将 20 个尺度的特征值作为故障特征向量。

3）将所有训练样本的故障特征向量输入基于 PSO-SVM 建立的多故障分类器进行训练。

4）将测试样本的故障特征向量输入已训练的多故障分类器进行识别。

故障诊断方法的流程如图 3-21b 所示。

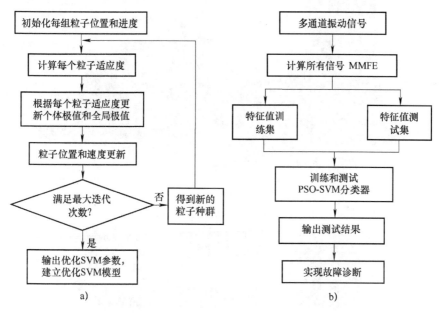

图 3-21　PSO-SVM 参数优化过程和故障诊断方法的流程

a）PSO-SVM 参数优化过程　b）故障诊断方法的流程

为了验证上述方法的有效性，将其应用于行星齿轮箱故障诊断试验数据分析。试验采用动力传动故障模拟试验台（DDS）模拟行星齿轮箱太阳轮故障，试验台主要结构如图 3-22a 所示。试验中行星齿轮箱为一级四星减速箱，具体参数为：太阳轮齿数 28、行星轮齿数 36、齿圈齿数 100、行星轮数 4、模数 1。其中故障齿轮为太阳轮，故障类型为断齿、齿面磨损（齿面均匀磨损）、齿根裂纹（单齿根裂纹），如图 3-22b～图 3-22d 所示。振动信号采集时，加速度计垂直安装在行星齿轮箱上方箱体上，试验采集了 Y 轴和 Z 轴两个方向的振动加速度信号，采样频率为 8192Hz。试验过程中电动机转速为 1500r/min，转频为

25Hz，负载为0.5A。4 种状态的行星齿轮箱振动信号两个通道的时域波形如图 3-23 所示。

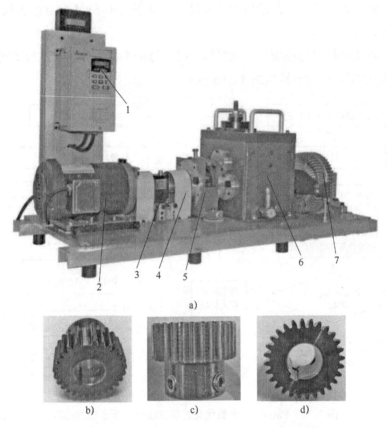

a)

b)　　　　　　c)　　　　　　d)

图 3-22　动力传动故障模拟试验台及太阳轮故障类型

a）试验台　b）断齿　c）齿面磨损　d）齿根裂纹

1—电动机转速表　2—三相异步电动机　3—十字交叉联轴器　4—防护罩

5—行星齿轮箱　6—平行轴齿轮箱　7—磁粉制动器

为了对比，分别采用 MSE、MFE、MMSE 和 MMFE 对正常、断齿、齿面磨损和齿根裂纹 4 种状态齿轮的多通道振动信号进行分析，其中基于单一通道振动信号分析的 MSE 和 MFE 方法用于分析垂直箱体 Z 轴方向的振动信号，而基于多通道信号分析的 MMSE 和 MMFE 方法则用于分析两个通道的振动信号。4 种状态行星齿轮振动信号（每组 20 个样本）的熵值计算结果如图 3-24 所示，4 种方法参数选择见表 3-8。

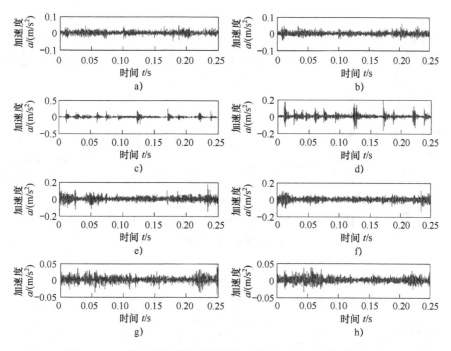

图 3-23　4 种状态的行星齿轮箱振动信号两个通道的时域波形

a）正常 Y 通道波形　b）正常 Z 通道波形　c）断齿 Y 通道波形　d）断齿 Z 通道波形

e）齿面磨损 Y 通道波形　f）齿面磨损 Z 通道波形　g）齿根裂纹 Y 通道波形　h）齿根裂纹 Z 通道波形

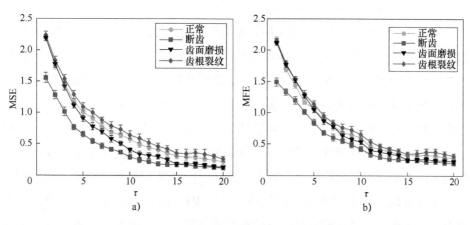

图 3-24　4 种状态行星齿轮振动信号的熵值

a）MSE　b）MFE

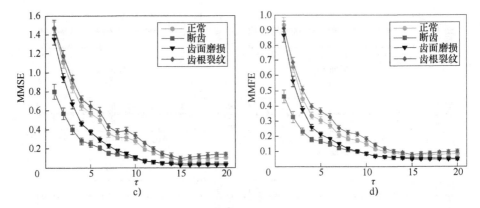

图 3-24　4 种状态行星齿轮振动信号的熵值（续）

c）MMSE　d）MMFE

表 3-8　4 种方法参数选择

	MSE	MFE	MMSE	MMFE
嵌入维数	$m=2$	$m=2$	$M=[2,2]$	$M=[2,2]$
延迟时间	1	1	$[1,1]$	$[1,1]$
尺度因子	20	20	20	20
相似容限	0.15SD	0.15SD	0.15SD	0.15SD
模糊参数	—	$n_1=2$	—	$n_1=2$

　　由图 3-24 可以看出，上述 4 种状态齿轮振动信号的熵均值在大部分尺度上的大小关系为：齿根裂纹>正常>齿面磨损>断齿。这是因为正常齿轮振动信号主要以啮合频率及其高次谐波为主，发生齿面磨损故障时，齿轮振动信号仍以啮合频率及其高次谐波为主，但各组成部分频谱的幅值明显增大，因此相较于正常齿轮振动信号，齿面磨损振动信号熵值降低；而当发生断齿故障时，振动信号表现出明显的周期性冲击特征，信号的周期性和自相似性增强，复杂性程度减小，多变量模糊熵也逐渐减小。此外，仔细观察图 3-24 容易发现，MSE和 MMSE 曲线中正常和齿根裂纹故障，以及 MFE 曲线中正常、齿面磨损和齿根裂纹故障振动信号在相同尺度下的熵均值非常接近，标准差也有重叠，区分效果并不理想，而 MMFE 在部分尺度上（尺度因子为 3~7）无交叉重叠，能够将 4 种状态明显区分开。因此，与 MSE、MFE 和 MMSE 相比，MMFE 的区分效

果更好。

为了更准确地区分行星齿轮箱的 4 种状态，将基于 MMFE 和 PSO-SVM 的齿轮箱故障诊断方法应用于试验数据分析，具体步骤如下：

1）针对 4 种齿轮状态，每种状态取 50 个样本，样本长度为 2048，共得到 200 个样本。在每种状态的样本中随机选择 20 组数据作为训练样本，剩余 30 组作为测试样本，共得到 80 个训练样本和 120 个测试样本。

2）计算所有训练样本和测试样本的 MMFE 值，将 20 个尺度熵值作为故障特征向量。

3）将所有训练样本的故障特征向量输入基于 PSO-SVM 建立的 4 类故障分类器进行训练。其中，正常、断齿、齿面磨损和齿根裂纹故障的对应类别分别记为 1、2、3、4。

4）将所有测试样本输入已训练的多故障分类器进行识别。

测试样本输出结果如图 3-25a 所示，由图 3-25a 中可以看出，120 个测试样本中有一个齿面磨损样本和一个齿根裂纹样本被错分到正常组，其他样本都得到了正确分类，故障识别率为 98.33%，交叉验证别率为 100%，PSO 优化 SVM 的最优参数 c 和 g 分别为 1.44 和 88.97。

为了对比，将步骤 2 中 MMFE 分别换成 MMSE、MSE 和 MFE，重复上述过程，测试样本输出结果分别如图 3-25b~3-25d 所示，其中图 3-25c 和图 3-25d 为 MSE 和 MFE 采用垂直箱体（Z 轴）方向振动信号的分析结果。表 3-9 详细给出了分别采用 MSE 和 MFE 分析径向（Y 轴）和垂直箱体方向（Z 轴）的振动信号进行诊断的故障识别率。从图 3-25 和表 3-9 可以看出，在基于 MSE 的 PSO-SVM 分类器输出结果中，分别采用单一径向和垂直箱体方向振动信号进行分析，分别有 8 个和 9 个样本被错分，故障识别率分别为 93.3% 和 92.5%；在基于 MMFE 与 PSO-SVM 方法中，也分别采用单一径向和垂直箱体方向振动信号进行分析，两个方向的振动信号分析结果中都有 5 个测试样本被错分，故障识别率为 95.83%；而在基于 MMSE 与 PSO-SVM 的方法中，有 9 个测试样本被错分，故障识别率为 92.5%。因此，基于单一通道的 MSE 和 MFE 方法及基于两通道的 MMSE 方法的故障识别率都小于基于 MMFE 与 PSO-SVM 的方法的识别率。表 3-9 详尽地给出了上述 4 种方法的错分样本信息、识别率、交叉验证识别率和 PSO-SVM 最优参数 c 和 g。

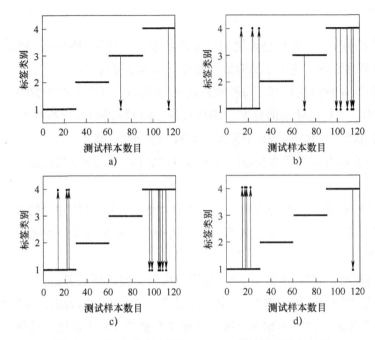

图 3-25　基于不同方法的 PSO-SVM 测试样本输出结果

a) MMFE　b) MMSE　c) MSE　d) MFE

表 3-9　4 种方法的故障识别率对比

故障诊断方法	通道数据	错分类样本 （数字表示类别）	识别率 （%）	交叉验证 识别率（%）	最优参数 c、g
MSE+PSO-SVM	Z 方向	错分 9 个：1→4，3 个； 4→1，6 个	92.5	93.75	49.97、0.01
	Y 方向	错分 8 个：1→4，3 个； 4→1，4 个；3→2，1 个	93.3	93.75	8.47、0.33
MFE+PSO-SVM	Z 方向	错分 5 个：1→4， 4 个；4→1，1 个	95.83	97.5	3.16、6.72
	Y 方向	错分 5 个：2→3，3 个； 4→1，2 个	95.83	98.75	0.1、0.01
MMSE+PSO-SVM	Y、Z 方向	错分 9 个：1→4，3 个； 4→1，5 个；3→1，1 个	92.5	98.75	2.81、22.63
MMFE+PSO-SVM	Y、Z 方向	错分 2 个：3→1，1 个； 4→1，1 个	98.33	100	1.44、88.97

参考文献

［1］ YAN R Q, GAO ROBERT X. Approximate entropy as a diagnostic tool for machine health monitoring ［J］. Mechanical systems and signal processing, 2007, 21 (2)：824-839.

［2］ 陈伟婷. 基于熵的表面肌电信号特征提取研究 ［D］. 上海：上海交通大学, 2008.

［3］ 郑近德, 程军圣, 杨宇. 基于多尺度熵的滚动轴承故障诊断方法 ［J］. 湖南大学学报（自然科学版）, 2012, 39 (5)：38-41.

［4］ COSTA M, GOLDBERGER A L, PENG C K. Multiscale entropy analysis of physiologic time series ［J］. Physical review letters, 2002, 89 (6)：8102-8106.

［5］ ERSEN YıLMAZ. An expert system based on Fisher score and LS-SVM for cardiac arrhythmia diagnosis ［J］. Computational and mathematical methods in medicine, 2013.

［6］ VAPNIK V N. The nature of statistical learning theory ［M］. New York：Springer Verlag, 1999.

［7］ 石志标, 苗莹. 基于 FOA-SVM 的汽轮机振动故障诊断 ［J］. 振动与冲击, 2014, (22)：111-114.

［8］ LI Y, XU M, WANG R, et al. A fault diagnosis scheme for rolling bearing based on local mean decomposition and improved multiscale fuzzy entropy ［J］. Journal of sound & vibration, 2016, 360：277-299.

［9］ ZHENG J, PAN H, CHENG J. Rolling bearing fault detection and diagnosis based on composite multiscale fuzzy entropy and ensemble support vector machines ［J］. Mechanical systems & signal processing, 2017, 85：746-759.

［10］ CAI D, ZHANG C, HE X. Unsupervised feature selection for multicluster data ［C］. Washington DC：Proceedings of the 16th ACM SIGKDD international conference on knowledge discovery & data mining, 2010, 333-342.

［11］ RASHEDI E, NEZAMABADI-POUR H, SARYAZDI S. GSA：a gravitational search algorithm ［J］. Information sciences, 2009, 179 (13)：2232-2248.

［12］ Bearing Data Center Website, Case Western Reserve University ［DB/OL］. ［2022-6-20］. http：//www. eecs. cwru. edu/laboratory/bearing.

［13］ XUE X, ZHOU J, XU Y, et al. An adaptively fast ensemble empirical mode decomposition method and its applications to rolling element bearing fault diagnosis ［J］. Mechanical systems and signal processing, 2015, 62 (10)：444-459.

［14］ SMITH W A, RANDALL R B. Rolling element bearing diagnostics using the case western reserve university data: a benchmark study [J]. Mechanical systems and signal processing, 2015, 64: 100-131.

[15] ZHANG W, NIU P, LI G, et al. Forecasting of turbine heat rate with online least squares support vector machine based on gravitational search algorithm [J]. Knowledge-based systems, 2013, 39 (2): 34-44.

[16] 李鹏, 刘澄玉, 李丽萍, 等. 多尺度多变量模糊熵分析 [J]. 物理学报, 2013, 62 (12): 120512 (1-9).

[17] AHMED M U, MANDIC D P. Multivariate multiscale entropy: a tool for complexity analysis of multichannel data [J]. Physical review E, 2011, 84 (1): 061918 (1-10).

[18] AHMED M U, MANDIC D P. Multivariate multiscale entropy analysis [J]. Signal processing letters IEEE, 2012, 19 (2): 91-94.

[19] WEI Q, LIU D H, WANG K H, et al. Multivariate multiscale entropy applied to center of pressure signals analysis: an effect of vibration stimulation of shoes [J]. Entropy, 2012, 14 (11): 2157-2172.

[20] AHMED M U, REHMAN N, LOONEY D, et al. Dynamical complexity of human responses: a multivariate data-adaptive framework [J]. Bulletin of the polish academy of sciences technical sciences, 2012, 60 (3): 433-445.

[21] LI P, LIU C, WANG X, et al. Testing pattern synchronization in coupled systems through different entropy-based measures [J]. Medical and biological engineering and computing, 2013, 51 (5): 581-591.

[22] 张小龙, 张氢, 秦仙蓉, 等. 基于 ITD 复杂度和 PSO-SVM 的滚动轴承故障诊断 [J]. 振动与冲击, 2016, 35 (24): 102-107.

[23] 姜战伟, 郑近德, 潘海洋, 等. 基于多尺度时不可逆与 t-SNE 流形学习的滚动轴承故障诊断 [J]. 振动与冲击, 2017, 36 (17): 61-68.

[24] COSTA M. Multiscale entropy analysis of complex physiologic time series [J]. Physical review letters, 2002, 89 (6): 705-708.

[25] ZHENG J, CHENG J, YANG Y, et al. A rolling bearing fault diagnosis method based on multiscale fuzzy entropy and variable predictive model-based class discrimination [J]. Mechanism and machine theory, 2014, 78 (16): 187-200.

第4章
基于多尺度排列熵的机械故障诊断方法

排列熵通过相空间重构，利用符号序列的概率进行计算，能够有效表征系统的随机性变化行为和复杂性程度。相关学者在排列熵的基础上，发展出了多尺度排列熵、加权排列熵、复合多尺度排列熵、复合多元多尺度排列熵等，并将其应用于机械设备故障诊断中，取得了良好的诊断效果。

4.1 多尺度排列熵

排列熵能够有效地检测和放大振动信号的动态变化，表征滚动轴承在不同状态下的工况特征[1-3]。然而，与传统单一尺度分析的非线性参数类似，排列熵只能检测时间序列在单一尺度上的随机性和动力学突变行为。受多尺度样本熵启发，相关学者发展了多尺度排列熵（Multiscale Permutation Entropy，MPE）[4]，其计算步骤如下：

1）对原始时间序列 $\{z(i), i=1,2,\cdots,N\}$ 进行粗粒化处理，得到粗粒化时间序列 $\{y_j^{(\tau)}\}$，即

$$y_j^{(\tau)} = \frac{1}{\tau} \sum_{i=(j-1)\tau+1}^{j\tau} z_i \qquad 1 \leqslant j \leqslant N/\tau \qquad (4\text{-}1)$$

式中，τ 是尺度因子，$\tau=1$ 时粗粒化序列即为原时间序列，$\tau>1$ 时原始时间序列被分割成长度为 $[N/\tau]$（$[\quad]$ 表示取整）的粗粒化序列。

2）计算每个粗粒化序列的排列熵，即

$$\mathrm{MPE}(z,\tau,m,d) = \mathrm{PE}(y^{(\tau)},m,d) \qquad (4\text{-}2)$$

将不同尺度的排列熵值画成尺度因子的函数，称为多尺度排列熵分析。

4.2　复合多尺度排列熵

MPE 方法作为一种能够综合考虑时间序列排列模式的非线性时域分析方法，能够有效地分析时间序列的复杂性，表征时间序列的随机性突变行为。

针对传统粗粒化过程中存在的问题，文献 [5-6] 在原始粗粒化定义的基础上，引入"滑动平均"的思想，提出了复合多尺度排列熵（Composite Multiscale Permutation Entropy，CMPE）。极大地优化了 MPE 中不充分的粗粒化过程，所得熵值受原时间序列长度和尺度因子的影响较小，即便在短序列和高尺度因子下，也能提取振动信号蕴含的丰富特征信息。

4.2.1　复合多尺度排列熵算法

CMPE 算法通过复合粗粒化的方式对 MPE 算法中单一粗粒化的方式进行优化，在同一尺度下计算多个粗粒化时间序列，并计算多个粗粒化序列的排列熵值，最后对多个排列熵值求平均，即得到 CMPE 值，其计算步骤如下：

1）对时间序列 $\{x(i), i = 1, 2, \cdots, N\}$，通过式（4-3）定义粗粒化序列 $y_k^{(\tau)} = \{y_{k,1}^{(\tau)}, y_{k,2}^{(\tau)}, \cdots, y_{k,P}^{(\tau)}\}$，即

$$y_{k,j}^{(\tau)} = \frac{1}{\tau} \sum_{i=(j-1)\tau+k}^{j\tau+k-1} x_i \qquad 1 \leqslant j \leqslant N/\tau,\ 1 \leqslant k \leqslant \tau \tag{4-3}$$

式中，$y_k^{(\tau)}$ 表示尺度因子 τ 下的第 k 个粗粒化序列，j 表示 $y_k^{(\tau)}$ 的第 j 个点。

2）对于尺度因子 τ，计算该尺度因子下每个粗粒化序列 $y_k^{(\tau)}$ 的排列熵，再对 τ 个排列熵求均值，则得到尺度因子 τ 下的 CMPE，即

$$\mathrm{CMPE}(X, \tau, m, d) = \frac{1}{\tau} \sum_{k=1}^{\tau} \mathrm{PE}(y_k^{(\tau)}, m, d) \tag{4-4}$$

相比于式（4-1）定义的时间序列粗粒化而言，式（4-3）定义的时间序列复合粗粒化得到的粗粒化序列的数目与尺度因子 τ 的大小紧密相关，即当尺度因子为 τ 时，便会得到 τ 个粗粒化时间序列。

CMPE 采用复合多尺度化时间序列的方式，使得到的复合粗粒化时间序列对原始时间序列长度的依赖性大大降低，尤其是在较大尺度因子下，复合粗粒

化时间序列能最大程度保留原始时间序列所蕴含的丰富特征信息。

4.2.2　CMPE 参数选取及影响

为了说明 CMPE 的优越性及时间序列长度 N 的影响，分别选用信号长度同为 1000、1500、2000、2500、3000、3500、4000、4500 的高斯白噪声和 $1/f$ 噪声作为研究对象，计算高斯白噪声和 $1/f$ 噪声的 CMPE 和 MPE 值，结果如图 4-1 所示，根据文献 [7] 选取嵌入维数 $m=6$，时间延迟 $d=1$。图 4-1a 和图 4-1b 分别是不同长度下的高斯白噪声 CMPE、MPE 随尺度因子变化的熵值曲线，图 4-1c 和图 4-1d 分别是不同长度下的 $1/f$ 噪声 CMPE、MPE 随尺度因子变化的熵值曲线。由图 4-1 可以看出，CMPE 和 MPE 线性变化趋势大致相同，无论是高斯白噪声还是 $1/f$ 噪声，CMPE 和 MPE 的熵值都随着尺度因子 τ 的增加而单调递减。观察图 4-1b 和图 4-1d 不难发现，无论是高斯白噪声还是 $1/f$ 噪声，MPE 值都随着尺度因子的增加而减小，但其线性随着尺度因子的增大出现轻微波动，并且波动幅度逐渐增大。而图 4-1a 和图 4-1c 表明，CMPE 值同样随着尺度因子的增加不断减小，但随着尺度因子的增大，曲线一直保持平滑和稳定。由此说明，在大尺度因子下，CMPE 相比于 MPE 更加稳定。此外，当 $N\leqslant$ 2500 时，高斯白噪声和 $1/f$ 噪声在不同长度下的 MPE 值之间都有较大差值。当 $N\geqslant2500$ 时，无论是高斯白噪声还是 $1/f$ 噪声，不同长度下的 MPE 值之间的差值较小，N 值越大熵差值越小。因此，在后续试验中时间序列长度值 $N\geqslant2500$。

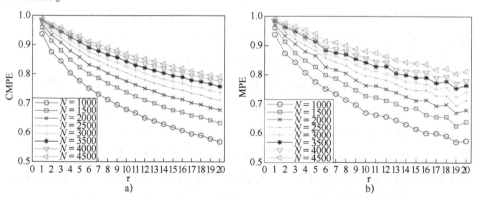

图 4-1　不同长度下高斯白噪声和 $1/f$ 噪声的 CMPE 和 MPE 曲线

a) 不同长度下的高斯白噪声 CMPE 熵值曲线　b) 不同长度下的高斯白噪声 MPE 熵值曲线

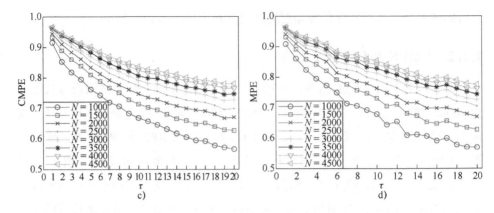

图 4-1　不同长度下高斯白噪声和 $1/f$ 噪声的 CMPE 和 MPE 曲线（续）

c）不同长度下的 $1/f$ 噪声 CMPE 熵值曲线　d）不同长度下的 $1/f$ 噪声 MPE 熵值曲线

4.2.3　CMPE 在滚动轴承故障诊断中的应用

　　将 CMPE 应用于滚动轴承故障振动信号的分析，试验数据采用美国凯斯西储大学的滚动轴承试验测试数据，数据详细说明参见第 3 章。共采集 1 组正常（Norm）、2 组内圈故障（IR）、2 组滚动体故障（BE）和 2 组外圈故障（OR）的轴承振动信号，每种状态取长度为 4096 的 20 个样本，滚动轴承原始信号时域波形如图 4-2 所示。从时域波形图中难以发现正常和故障轴承振动信号的明显区别，尤其是同种故障的不同故障程度难以区别。

　　首先，对滚动轴承振动信号进行 CMPE 分析，其分析结果如图 4-3 所示。不同故障滚动轴承振动信号的 CMPE 值在第 15 个尺度之后差别较小，且存在部分交叉重叠，若选择较大尺度上的 CMPE 特征值作为滚动轴承故障特征向量，会造成信息冗余，对故障特征的分类识别具有不利影响。然而，若只选择较小尺度因子上的 CMPE 值构建故障特征向量，则无法完全反映滚动轴承蕴含的故障信息，故障识别率较低。综合考虑，本小节选择各状态样本的前 15 个尺度的 CMPE 值作为故障特征向量。其次，采用基于萤火虫算法优化的支持向量机（Firefly Algorithm Support Vector Machine，FO-SVM）多故障分类器对各个样本的不同状态进行分类。FO-SVM 中的核函数选用径向基函数[8]。先从每种状态信号 20 个样本中随机选取 5 个样本作为训练样本，剩下的 15 个样本作为测试样本，同时创建对应训练和测试类别标签，将正常（无故障）、滚动体 1（故障直径为 0.1778mm）、滚动体 2 （故障直径为 0.5334mm）、内圈 1 （故障直径为 0.1778mm）、内圈 2 （故障直径为 0.5334mm）、外圈 1 （故障直径为 0.1778mm）、外圈 2 （故障直径为 0.5334mm）分别标记为 1、2、3、4、5、6 和 7。然后，将训练样本输入 FO-SVM 多故障分类器进行训练。接下来用训练好的 FO-SVM 多故障分类器对测试样本进行测试，测试样本输出结果如图 4-4 所示。

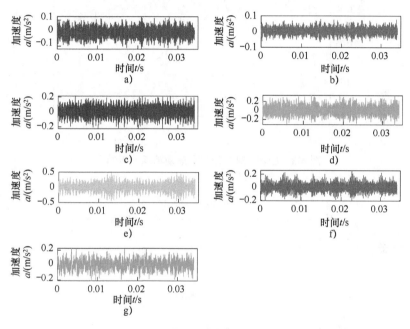

图 4-2　滚动轴承原始信号时域波形

a) 滚动体 1　b) 滚动体 2　c) 内圈 1　d) 内圈 2　e) 外圈 1　f) 外圈 2　g) 正常

由图 4-4 可知，基于 CMPE 和 FO-SVM 的故障识别结果与实际故障完全吻合，识别准确率为 100%，该法不仅能正确识别出滚动轴承的故障位置，还能识别出不同故障程度，这充分说明上述方法在故障特征提取和特征分类方面的有效性。

为了说明 CMPE 相对于 MPE 的优越性，分别计算上述所有信号样本的 MPE，结果如图 4-5 所示。

将同种信号同一尺度上的 CMPE 与 MPE 值的标准差作差，结果如图 4-6 所示。从图 4-6 中可以看出，不同状态轴承振动信号的 CMPE 的标准差均小于 MPE 的标准差，这说明了 CMPE 比 MPE 稳定性更好。

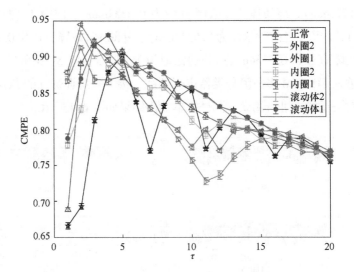

图 4-3   CMPE 对 7 种状态滚动轴承分析结果

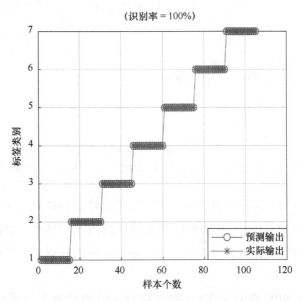

图 4-4   基于 CMPE 与 FO-SVM 分类器测试样本输出结果

在每种振动状态下取 20 个数据的 5 个样本作为训练样本，计算它们的 MPE，并将剩余的 15 个样本作为测试样本，分别输入 FO-SVM 分类器进行训练和测试，测试样本输出结果如图 4-7 所示。

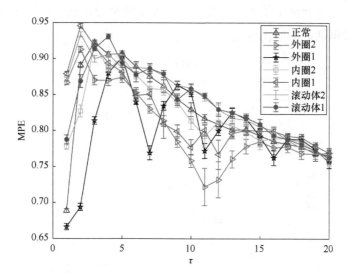

图 4-5　MPE 对 7 种状态滚动轴承分析结果

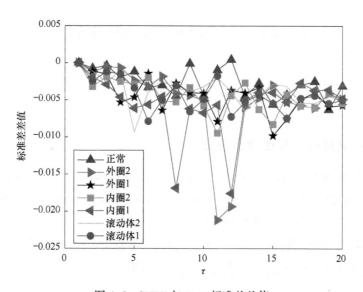

图 4-6　CMPE 与 MPE 标准差差值

　　根据图 4-7 所示，内圈故障 1 的一个样本被误判为滚动体故障 2，外圈故障 1 的一个样本被误判为内圈故障 1，基于 MPE 与 FO-SVM 的故障诊断方法的识别率为 98.0952%，低于前述基于 CMPE 与 FO-SVM 的故障诊断方法的识别率（100%），这验证了基于 CMPE 与 FO-SVM 的滚动轴承故障诊断方法在特征提取与故障识别方面的优越性。

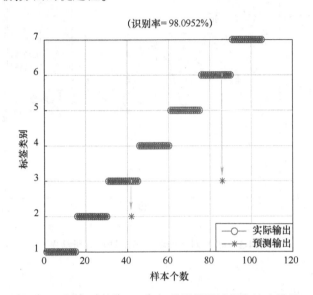

图 4-7　基于 MPE 与 FO-SVM 分类器测试样本输出结果

4.3　广义复合多尺度排列熵

4.3.1　广义复合多尺度排列熵算法

本小节将 MPE 粗粒化过程中的一阶矩（均值）推广到二阶矩（方差），提出了广义复合多尺度排列熵（Generalized Composite Multiscale Permutation Entropy，GCMPE)[9]，其计算步骤如下：

1）对于时间序列 $\{x(i), i=1,2,\cdots,N\}$，尺度因子 τ，采用式（4-5）定义广义粗粒化序列 $y_k^{(\tau)} = \{y_{k,j_1}^{(\tau)}, y_{k,j_2}^{(\tau)}, \cdots, y_{k,j_\tau}^{(\tau)}\}$，即

$$y_{k,j}^{(\tau)} = \frac{1}{\tau} \sum_{i=(j-1)\tau+k}^{j\tau+k-1} (x_i - \overline{x_i})^2 \tag{4-5}$$

式中，$1 \leqslant j \leqslant \dfrac{N}{\tau}$，$2 \leqslant k \leqslant \tau$，$\overline{x_i} = \dfrac{1}{\tau} \sum_{k=0}^{\tau-1} x_{i+k}$。

2）对于尺度因子 τ，计算 τ 个广义粗粒化序列 $y_k^{(\tau)}$（$k=1,2,\cdots,\tau$）的

PE 值。

3）再将 τ 个 PE 的均值视为时间序列在不同尺度因子 τ 下的 PE 值，即

$$\text{GCMPE}(X,\tau,m,d) = \frac{1}{\tau}\sum_{k=1}^{\tau}\text{PE}(y_k^{(\tau)},m,d) \tag{4-6}$$

MPE 算法中粗粒化方式只考虑了其中一种粗粒化序列，不可避免地会遗漏很多重要信息。GCMPE 不仅综合了同一尺度下多个粗粒化序列的信息，而且将一阶矩推广到二阶矩（方差），理论上 GCMPE 要优于 MPE 方法。GCMPE 与 MPE 类似，都是衡量时间序列随机性和检测动力学突变行为的方法。与单一尺度的 PE 不同，GCMPE 和 MPE 从多个尺度对时间序列进行分析。如果一个时间序列的 GCMPE（或 MPE）在大部分尺度上比另一个时间序列 PE 值大，这说明前者比后者的随机性更强，发生动力学突变行为的概率更高。

GCMPE 的取值与嵌入维数 m、延迟时间 d 和尺度因子 τ 的选择有关。m 太小，重构的向量中包含太少的状态，算法失去意义和有效性，不能准确检测时间序列的动力学突变，但是 m 过大，相空间的重构将会均匀化时间序列，此时不仅计算耗时，而且无法反映序列的细微变化。因此，嵌入维数 m 一般取值 4~7[10]。延迟时间 d 对 PE 计算的影响较小，一般 $d=1$。尺度因子 τ 的最大值 $\tau_{\max}$ 的选取没有一定的标准，一般选择 $\tau_{\max} \geq 10$。GCMPE 的计算流程如图 4-8 所示。

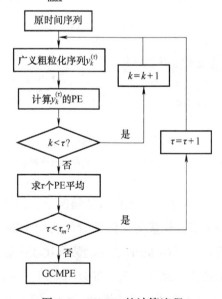

图 4-8　GCMPE 的计算流程

4.3.2　GCMPE 参数选取及影响

为了研究参数对 GCMPE 分析结果的影响，以随机信号高斯白噪声和 $1/f$ 噪声为研究对象。与高斯白噪声相比，$1/f$ 噪声功率谱更为复杂，包含更多模式信息。因此，在大部分尺度上 $1/f$ 噪声的 PE 值应比高斯白噪声的 PE 值大。为了对比，将采用广义粗粒化方式代替复合平均方式得到的 MPE 方法，称为广义多尺度排列熵（Generalized Multiscale Permutation Entropy，GMPE）。即在式（4-6）中，对于尺度因子 τ，只计算广义粗粒化序列中 $k=1$ 的粗粒化序列的 PE 值，并将其作为时间序列在该尺度因子下的 PE 值。

为了研究嵌入维数 m 对计算结果的影响，以数据长度为 4096 的高斯白噪声和 $1/f$ 噪声为研究对象，二者的波形及频谱如图 4-9 所示。在 $m=4$、5、6、7 的条件下，分别采用 MPE、GMPE 和 GCMPE 对两种噪声进行分析，结果分别如图 4-10a、图 4-10b 所示，其中延迟时间 $d=1$，最大尺度因子 $\tau_{max}=25$。

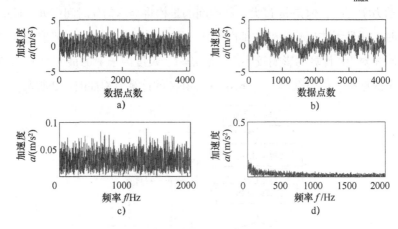

图 4-9　高斯白噪声与 $1/f$ 噪声的波形及频谱

a）高斯白噪声波形　b）$1/f$ 噪声波形　c）高斯白噪声频谱　d）$1/f$ 噪声频谱

由图 4-10 可以得出，在相同嵌入维数的情况下，高斯白噪声和 $1/f$ 噪声的 MPE、GMPE 和 GCMPE 值比较接近，但随着尺度因子的增大，MPE 和 GMPE 的 PE 值波动和偏差增大，而 GCMPE 变化趋势则比较平缓，波动较小，对比结果体现了 GCMPE 的优越性。此外，嵌入维数 m 较小（4 和 5）时，PE 值的变化不明显，无法体现利用多尺度分析的优势。而 m 较大时，重构过程将会均匀化时间序列，无法反映序列的细微变化，m 越大越无法区分结构相近的时间序列。因此，一般取 $m=6$。

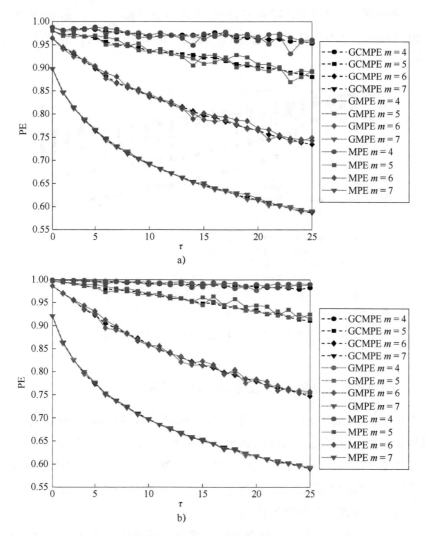

图 4-10　不同嵌入维数下高斯白噪声与 $1/f$ 噪声的 MPE、GMPE 和 GCMPE 对比

a) 高斯白噪声　b) $1/f$ 噪声

为了研究数据长度对 GCMPE 分析结果的影响，分别计算长度 N 为 1024、2048、3072、4096、5120、6144、7168 和 8192 的高斯白噪声信号，结果如图 4-11 所示，其中 $m=6$、$d=1$。当 $\tau \leqslant 10$ 时，$N \geqslant 3072$ 高斯白噪声的 PE 值的

相对误差在10%以下，最短粗粒化序列的长度约为300。当 $\tau=20$ 时，$N \geqslant 4096$ 高斯白噪声的 PE 值的相对误差在10%以下，此时粗粒化序列的长度约为200。故为了减少误差，时间序列的长度应满足 $N \geqslant 200\tau_{max}$。一般情况下 d 对 GCMPE 的影响很小。综上，选择嵌入维数 $m=6$、$d=1$，时间序列长度 $N \geqslant 200\tau_{max}$。

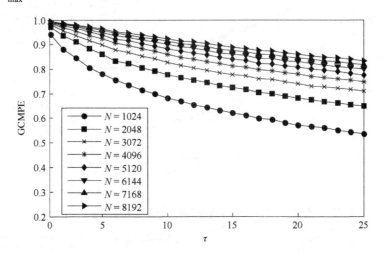

图 4-11   高斯白噪声在不同数据长度下的 GCMPE 对比

4.3.3   GCMPE 在滚动轴承故障诊断中的应用

本小节将 GCMPE 应用于滚动轴承故障振动信号故障特征的提取，试验数据采用美国凯斯西储大学的滚动轴承试验数据。试验中，采集正常（Norm）、滚动体故障（BE）、内圈故障（IR）和外圈故障（OR）4 种状态轴承的振动加速度信号，每种状态取 29 个数据样本，每个样本数据长度为 4096，4 种滚动轴承振动信号的时域波形如图 4-12 所示。

上述 4 种状态滚动轴承故障类型的数据中，每种状态取 29 个样本，共 116 个样本。计算每一个样本的 GCMPE，滚动轴承 4 种状态振动信号的 GCMPE 如图 4-13 所示。由图 4-13 中可以看出，每一类样本的标准差非常小，即单个样本的 GCMPE 偏离均值较小，这说明 GCMPE 的计算较稳定。在尺度因子等于 1 时，正常滚动轴承的 PE 值较小，小于其他 3 类故障轴承振动信号的 PE 值。由此可见，PE 适合滚动轴承的故障检测。此种情况下，若要区分正常与故障轴承，取 PE 阈值为 0.75 即能够有效地检测轴承是否发生故障。但是不难发现，单一尺度 PE 虽然能够检测有无故障，若要进一步识别故障位置则需要更多的信息。根据图 4-13 也可看出，4 种状态轴承振动信号在不同尺度因子下的 PE 值明显不同。当考虑单一尺度的 PE 时，四者的大小关系是 $PE_{IR}>PE_{OR}>PE_{BE}>PE_{Norm}$。但考虑多尺度时，这种关系不再成立。例如当 $4 \leqslant \tau \leqslant 16$ 时，$PE_{BE}>PE_{Norm}>PE_{OR}>PE_{IR}$，这说明单一尺度的 PE 值并不能完整地反映故障的全部信息，这是因为其他多个尺度也包含重要故障特征信息。当 $17 \leqslant \tau \leqslant 25$ 时，4 种状态振动信号的 GCMPE 非常接近，与实际相符。综上，GCMPE 能够有效地反映滚动轴承振动信号的故障特征。

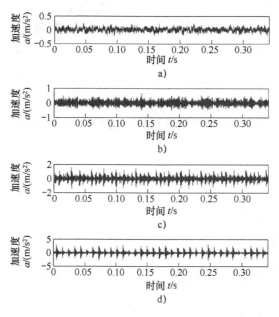

图 4-12　4 种滚动轴承振动信号的时域波形

a) Norm　b) BE　c) IR　d) OR

采用主成分分析（Principal Components Analysis，PCA）对得到的 GCMPE 特征值进行特征降维，结果如图 4-14 所示，其中 PCA 降维子空间维数为 5。由图 4-14 中可以看出，不同状态的各类数据都能够区分得较为明显，特别是正常样本和各类故障样本区分比较明显，而且每一类的样本特征相对比较集中。从每一类状态样本集中随机选择 19 个样本作为训练样本，每一类剩余的 10 个样

机械故障诊断的复杂性理论与方法

本作为测试样本。将每一类样本降维后的前两个主元特征作为敏感故障特征输入基于SVM的多故障分类器进行训练，参数采用默认设置。将测试样本输入已训练好的分类器进行测试，40个测试样本都得到了正确分类，故障识别率为100%，这说明了GCMPE方法的有效性。

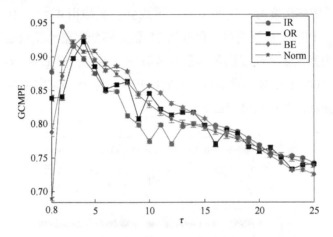

图4-13　滚动轴承4种状态振动信号的GCMPE

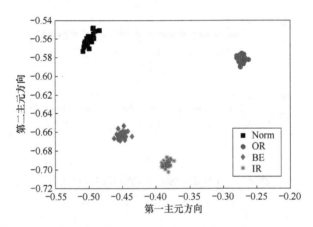

图4-14　基于GCMPE的PCA降维结果

为了对比，计算所有样本的MPE值，再采用PCA进行降维处理，将得到的故障特征输入基于SVM的多故障分类器。经过同样的训练过程，测试样本的分类结果也均为正确，这说明MPE也能够有效地提取滚动轴承的故障特征信息。在分类前，将PCA降维处理的结果输出，如图4-15所示。由图4-15中

86

可以看出，虽然基于 MPE 的 PCA 能够有效地区分 4 种状态，但将其与图 4-14 对比可以发现，基于 MPE 的 PCA 输出结果每一类各个样本的特征比较分散，聚类效果明显不如基于 GCMPE 的 PCA 方法。因此，GCMPE 和 MPE 虽然都能有效地提取机械故障的特征信息，实现滚动轴承故障诊断，但与基于 MPE 的 PCA 方法相比，基于 GCMPE 的 PCA 方法降维处理后的主元分布更集中，聚类效果更好。对比分析结果表明，GCMPE 方法不仅能够有效地提取滚动轴承故障特征，而且诊断效果优于 MPE 方法。

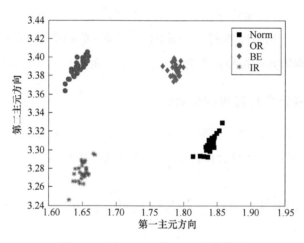

图 4-15　基于 MPE 的 PCA 降维结果

4.4　复合多元多尺度排列熵

4.4.1　多元多尺度排列熵算法

当滚动轴承或者齿轮箱出现故障时，振动信号往往反映在多个传播方向上。为更精确地反映滚动轴承的故障状态，多通道振动数据分析不失为一种有效的信号分析与故障诊断方法。

MPE 只能处理单通道时间序列信息，而不能处理多通道传感器数据。多元排列熵仅能处理多通道信息，但是忽略了时间序列在其他尺度上的信息。综合 MPE 与多元排列熵算法，相关学者提出了多元多尺度排列熵（Multivariate Multiscale Permutation Entropy，MMPE）算法。MMPE 的计算步骤如下：

1）对于给定的多元信号 $\{x_{k,i},k=1,2,\cdots,M\}_{i=1}^{N}$ $(M \times N)$

$$y_{k,j}^{(\tau)} = \frac{1}{\tau} \sum_{i=(j-1)\tau+1}^{j\tau} x_{k,i} \qquad 1 \leq j \leq N/\tau \qquad (4\text{-}7)$$

式中，M 是矩阵的行数，表示多元信号的通道数；N 是矩阵的列数，表示多元信号中每个信号的长度。

2）对粗粒化时间序列进行相空间重构，计算多变量粗粒化序列 $y_{k,j}^{(\tau)}$ 的 PE 值，即

$$\text{MMPE}(x,\tau,m,t) = \text{PE}(y_{k,j}^{(\tau)},m,t) \qquad (4\text{-}8)$$

在步骤 2 中，相空间重构后为元胞，区别于单通道下 MPE 重构的矩阵。对于相空间重构的元胞符号概率的计算，应先分解为矩阵，然后进行计算。

4.4.2 复合多元多尺度排列熵算法

复合多元多尺度排列熵（Composite Multivariate Multiscale Permutation Entropy，CMMPE）将"复合粗粒化"的思想进一步扩展到多元粗粒化，具体步骤如下：

1）对给定的时间序列 $\{x_{k,i},k=1,2,\cdots,M\}_{i=1}^{N}$，应用式（4-9）进行多元多尺度粗粒化，即

$$y_{k,j}^{(\tau)} = \frac{1}{\tau} \sum_{i=(j-1)\tau+l}^{j\tau+l-1} x_{k,i} \qquad 1 \leq j \leq N/\tau, \ 1 \leq l \leq \tau \qquad (4\text{-}9)$$

式中，$y_{k,j}^{(\tau)}$ 是在尺度因子 τ 下，k 通道数据的第 l 个粗粒化序列的第 j 个值。

2）计算在尺度因子 τ 下多元通道数据的每一个粗粒化序列 $y_{k,j}^{(\tau)}$ 的 PE 值，并对 τ 个 PE 值求均值，即得到时间序列 CMMPE 在尺度因子 τ 下的值，即

$$\text{CMMPE}(x,\tau,m,t) = \frac{1}{\tau} \sum_{k=1}^{\tau} \text{PE}(y_{k,l,j}^{(\tau)},m,t) \qquad (4\text{-}10)$$

4.4.3 仿真试验分析

高斯白噪声和 $1/f$ 噪声是两种典型信号，为了说明 CMMPE 的有效性和优越性，基于高斯白噪声和 $1/f$ 噪声生成了一个三通道时间序列，每个通道独立且互不干扰。四类三元时间序列的构造如下：①三个通道高斯白噪声；②两个通道高斯白噪声，一通道 $1/f$ 噪声；③一个通道高斯白噪声，两通道 $1/f$ 噪声；

④三个通道 1/f 噪声。

为了保证试验的有效性和结果的稳定性，选取 20 组高斯白噪声和 1/f 噪声，计算它们的 MMPE 和 CMMPE，并计算 20 组数据的均值标准差，结果分别如图 4-16a 和图 4-16b 所示。根据文献［11］，嵌入维数 m 设为 6，N 取为 2048，尺度因子设为 30，延迟时间 d 设为 1。从图 4-16 可以看出，首先，无论是 1/f 噪声还是高斯白噪声，随着尺度因子的增大，CMMPE 值与 MMPE 值均

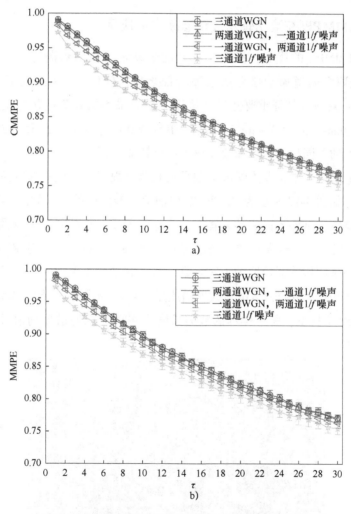

图 4-16 相同参数下 CMMPE、MMPE 的均值标准差

a）CMMPE b）MMPE

在不断降低，这与实际情况相符。其次，随着 $1/f$ 噪声的数量越多，MMPE 值和 CMMPE 值就变得越低，当三通道信号均是 $1/f$ 噪声时，MMPE 值与 CMMPE 值都为最小，这是因为不断增加的 $1/f$ 噪声使得三元时间序列相空间重构后的符号序列的排列模式更加规则[12]。最后，无论是高斯白噪声还是 $1/f$ 噪声，CMMPE 的均值标准差均小于 MMPE 的均值标准差，这说明，与 MMPE 相比，CMMPE 在数据特征提取过程中更稳定。

4.4.4 CMMPE 在滚动轴承故障诊断中的应用

基于 CMMPE 的优势，提出一种新的滚动轴承故障诊断方法，即在采用 CMMPE 提取多通道振动信号的故障特征之后，应用拉普拉斯分值（Laplace Score，LS）对故障特征重要性进行排序，最后采用蝙蝠算法优化支持向量机（Bat Algorithm-Support Vector Machine，BA-SVM）构建多类故障模式分类器，对滚动轴承的不同故障类型和故障程度进行智能识别。

本小节采用安徽工业大学滚动轴承试验测试数据对上述所提方法的有效性进行验证。如图 4-17 所示为 ID-25/30 型轴承全寿命试验台，如图 4-18 所示为试验台示意图，试验台由驱动装置 1′、支撑装置 2′、加载装置 3′以及缓冲装置 4′四部分构成。通过电火花加工技术在型号为 SKF-6206-2Z 深沟球轴承上布置单点故障，采用传感器拾取轴承座垂直、水平和轴向 3 个方向振动信号，采样频率为 10240Hz，滚动轴承试验数据描述见表 4-1，不同状态下的滚动轴承振动信号采集 50 个样本，每个样本的数据长度为 4096，三通道振动信号时域波形如图 4-19 所示。

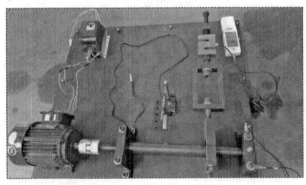

图 4-17　ID-25/30 型轴承全寿命试验台

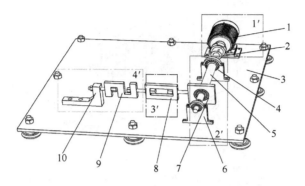

图 4-18　ID-25/30 型轴承全寿命试验台示意图

1—变频电动机（ABB QABP-90S-4A）　2—梅花联轴器（XD1-C55-28-25）　3—底板（45 钢）
4—支撑轴承（SKF-6208-2Z）及其轴承座　5—主轴（40Cr）　6—被测轴承及其轴承座（SKF-6206-2Z）
7—加载螺栓及其加载座（45 钢）　8—缓冲装置（45 钢）　9—测力计（SGSF-20K）
10—加载轴承及其轴承座（SKF-6308-2RS1）

表 4-1　滚动轴承试验数据描述

故 障 类 型	故障大小 /mm	载荷/W	转速 / （r/min）	训练样本 数目	测试样本 数目	类 型 标 记
滚动体故障（BE1）	2	5	900	20	30	1
滚动体故障（BE2）	4	5	900	20	30	2
滚动体故障（BE3）	2	0	1500	20	30	3
外圈故障（OR1）	2	5	900	20	30	4
外圈故障（OR2）	3	5	900	20	30	5
外圈故障（OR3）	2	0	1500	20	30	6
外圈故障（OR4）	3	0	1500	20	30	7
内圈故障（IR1）	3	5	900	20	30	8
内圈故障（IR2）	4	5	900	20	30	9
内圈故障（IR3）	3	0	1500	20	30	10
内圈故障（IR4）	4	0	1500	20	30	11
正常（Norm1）	0	5	900	20	30	12
正常（Norm2）	0	0	1500	20	30	13

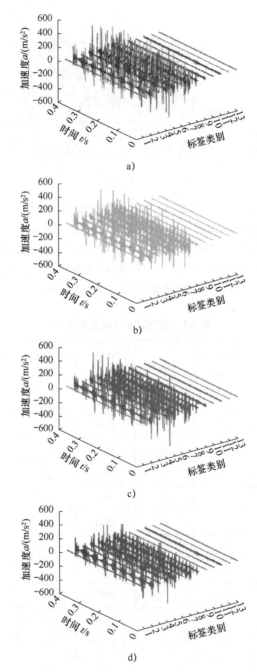

图 4-19 三通道振动信号时域波形

a) 三通道时域波形 b) X 通道时域波形 c) Y 通道时域波形 d) Z 通道时域波形

　　首先，计算 13 种状态下滚动轴承故障振动信号的 CMMPE 值，并计算同一状态下 50 个样本的均值标准差，结果如图 4-20a 所示。另外，经过拉普拉斯分值（Laplacian Score，LS）排序后 CMMPE 的排序由开始的 1~30 调整为 7、3、6、9、28、10、8、2、15、5、1、27、29、30、14、11、26、25、24、16、22、13、23、17、20、12、21、19、18、4，排序后 CMMPE 的均值标准差如图 4-20b 所示。由图 4-20a 可知，13 类样本的特征值均随着尺度因子的增大而

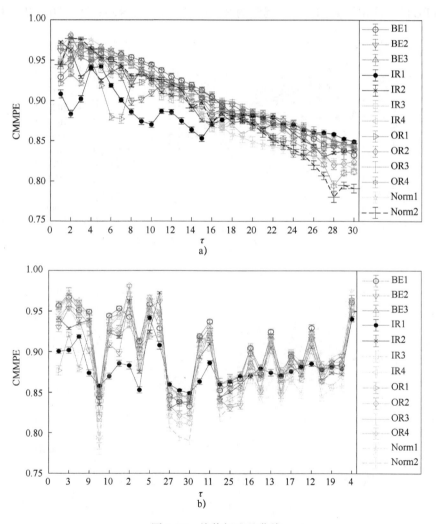

图 4-20　均值标准差曲线

a）LS 排序前 CMMPE 的均值标准差曲线　b）LS 排序后 CMMPE 的均值标准差曲线

降低，并且在其对应的尺度因子上，各种状态下振动信号的 CMMPE 相当接近。由图 4-20b 可知，经 LS 排序后的特征值呈现一定规律的波动，CMMPE 相差较大的特征排序靠前，相差较小的特征排序靠后，表明 LS 将特征表现相对好的特征进行了有效排序。

　　为了说明 CMMPE 相对于 MMPE 的优越性，同样计算 13 种轴承状态振动信号的 MMPE 值及均值标准差，结果如图 4-21a 所示。另外，经 LS 排序后 MMPE 的排序由开始的 1~30 调整为 3、2、7、6、1、9、8、5、10、28、15、

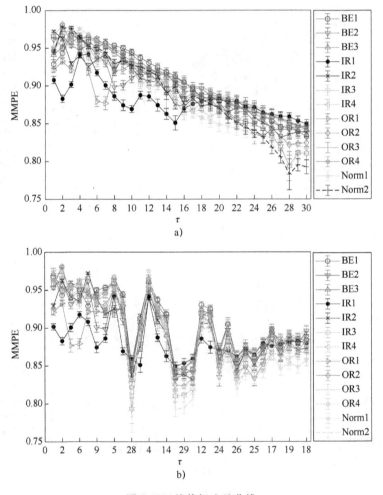

图 4-21　均值标准差曲线

a）LS 排序前 MMPE 的均值标准差曲线　b）LS 排序后 MMPE 的均值标准差曲线

4、11、14、30、29、27、12、13、24、16、26、23、25、22、17、21、19、20、18，排序后 MMPE 的均值标准差如图 4-21b 所示。对比图 4-21a 和图 4-21b 可知：LS 依据重要性各特征进行排序，各个类别之间区分较大的 MMPE 值排序靠前，区分较小的 MMPE 值排序靠后。进一步对比图 4-20a 和图 4-21a、图 4-20b 和图 4-21b 可知，CMMPE 的标准差比 MMPE 的标准差更小，表明，相对于 MMPE，CMMPE 在故障特征表征与提取方面稳定性更强。

为进一步证明 CMMPE 在特征提取方面相对于 MMPE 的优越性，将经过 LS 排序后的 MMPE 特征集同样输入 BA-SVM 分类器。设置蝙蝠种群数量为 10，迭代次数为 150，训练样本 10 组，测试样本 40 组，提出了基于 CMMPE、LS 与 BA-SVM 的滚动轴承故障诊断方法。基于 CMMPE、LS 与 BA-SVM 滚动轴承故障诊断方法的参数 Best c（最佳惩罚因子）与 Best g（最佳核函数宽度）见表 4-2，基于 MMPE、LS 与 BA-SVM 滚动轴承故障诊断方法的参数 Best c 与 Best g 见表 4-3。基于 CMMPE、LS 与 BA-SVM 的滚动轴承故障诊断识别率同基于 MMPE、LS 与 BA-SVM 方法的识别率对比如图 4-22 所示。

表 4-2　基于 CMMPE、LS 与 BA-SVM 滚动轴承故障诊断方法的 Best c 与 Best g

特 征 数 目	1	2	3	4	5	6	7	8	9	10
Best c	100	81.11	23.21	13.54	99.98	14.78	8.08	12.50	2.76	3.70
Best g	6.58	21.23	6.06	7.86	26.03	1.23	2.31	35.46	6.00	2.09
识别率（%）	52.5	86.7	93.3	96.2	97.9	99.2	99.7	100	99.7	99.7
特 征 数 目	11	12	13	14	15	16	17	18	19	20
Best c	99.94	8.58	99.66	8.26	99.99	100	36.49	100	99.99	76.16
Best g	7.63	3.70	2.03	0.01	0.01	0.06	0.01	0.01	2.34	4.70
识别率（%）	99.7	99.7	99.7	100	100	99.7	100	99.7	100	99.7
特 征 数 目	21	22	23	24	25	26	27	28	29	30
Best c	10.12	0.01	18.75	7.83	62.24	99.99	99.99	99.97	4.07	15.11
Best g	6.09	2.12	8.75	6.22	2.25	0.01	0.05	0.01	5.22	2.01
识别率（%）	99.7	100	99.7	98.9	99.5	100	100	99.7	99.4	100

表 4-3　基于 MMPE、LS 与 BA-SVM 滚动轴承故障诊断方法的 Best *c* 与 Best *g*

特 征 数 目	1	2	3	4	5	6	7	8	9	10
Best *c*	0.01	3.97	99.98	89.13	67.95	14.78	93.19	100	4.98	44.33
Best *g*	0.01	94.51	49.15	21.92	1.88	4.4	5.47	12.23	6.70	0.15
识别率（%）	52.5	84.8	90.2	94.3	95.9	95.9	99.4	98.4	99.7	99.7
特 征 数 目	11	12	13	14	15	16	17	18	19	20
Best *c*	99.96	6.97	98.71	19.22	13.53	30.06	99.98	99.99	100	36.90
Best *g*	0.28	0.35	0.18	6.30	5.76	10.58	1.21	0.01	0.01	1.43
识别率（%）	99.4	99.4	99.7	99.4	99.2	99.7	99.7	99.7	99.4	99.7
特 征 数 目	21	22	23	24	25	26	27	28	29	30
Best *c*	100	30.45	64.89	99.99	66.63	99.99	69.01	100	100	100
Best *g*	0.01	0.89	5.75	0.02	0.01	0.01	0.11	0.01	0.01	0.01
识别率（%）	98.2	99.7	99.4	99.4	100	99.7	99.4	100	98.7	99.7

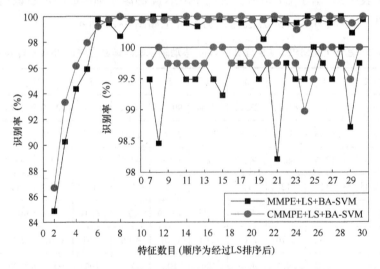

图 4-22　基于不同滚动轴承故障诊断方法的识别率对比

由图 4-22 可知，对比前 7 个特征的输出识别率，可以明显看出基于 CMMPE、LS 与 BA-SVM 的滚动轴承故障诊断方法要明显优于基于 MMPE、LS 与 BA-SVM 的滚动轴承故障诊断方法。对比前 8~30 个特征，两种方法的识别率均达到了 98%，这说明当输入特征数达到 8 个以上时，两种方法的识别率均相对稳定。从放大图中可以看到，基于 CMMPE、LS 与 BA-SVM 的滚动轴承故障诊断方法在多数情况下均都优于基于 MMPE、LS 与 BA-SVM 的滚动轴承故障诊断方法，仅仅在前 24、25、28 个特征输入情况下，基于 CMMPE、LS 与 BA-SVM 的滚动轴承故障诊断方法的识别率要略低于基于 MMPE、LS 与 BA-SVM 的滚动轴承故障诊断方法的识别率。故在滚动轴承故障特征提取方面，基于 CMMPE 的特征提取方法相比于基于 MMPE 的特征提取方法有一定的优越性。

为了进一步证明该方法相对于单通道信号处理方法（MPE）的优越性，首先对每一种状态的滚动轴承样本随机抽取 20 个作为训练样本，其余 30 个作为测试样本。将训练样本和测试样本的前 $d(1\sim30)$ 个特征输入基于 BA-SVM 多故障分类器中。然后，利用训练样本（样本特征矩阵为 $260\times d$）的所有故障特征训练 BA-SVM 多故障分类器，将测试样本（样本特征矩阵为 $390\times d$）的 CMMPE、MMPE 与 MPE 输入训练完成的 BA-SVM 多故障分类器中。最终基于不同数量故障特征输入的 3 种故障诊断方法的识别率见表 4-4。

表 4-4　基于不同数量故障特征输入的 3 种故障诊断方法的识别率

特征数目	CMMPE+LS+ BA-SVM(X,Y,Z)	MMPE+LS+ BA-SVM(X,Y,Z)	MPE+LS+ BA-SVM(X)	MPE+LS+ BA-SVM(Y)	MPE+LS+ BA-SVM(Z)
	识别率（%）				
1	52.5	52.5	60.5	75.3	62.3
2	86.7	84.8	87.4	93.3	91.8
3	93.3	90.2	94.9	97.7	95.1
4	96.2	94.3	96.9	97.9	96.7
5	97.9	95.9	97.7	98.9	99.5
6	99.2	95.9	98.7	98.9	98.9
7	99.7	99.4	98.9	99.5	99.5
8	100	98.4	98.9	99.5	99.7
9	99.7	99.7	99.2	98.7	100
10	99.7	99.7	99.2	99.7	100
11	99.7	99.4	98.7	99.5	100
12	99.7	99.4	98.7	99.5	99.7
13	99.7	99.7	99.5	99.5	99.5
14	100	99.4	98.7	98.9	100

（续）

特征数目	CMMPE+LS+ BA-SVM(X,Y,Z)	MMPE+LS+ BA-SVM(X,Y,Z)	MPE+LS+ BA-SVM(X)	MPE+LS+ BA-SVM(Y)	MPE+LS+ BA-SVM(Z)
	识别率（%）				
15	100	99.2	98.9	98.9	99.5
16	99.7	99.7	98.2	98.9	99.5
17	100	99.7	99.7	98.5	100
18	99.7	99.7	99.5	98.9	100
19	100	99.4	98.5	98.9	99.2
20	99.7	99.7	100	98.5	99.2
21	99.7	98.2	98.9	98.7	100
22	100	99.7	99.2	99.2	100
23	99.7	99.4	99.2	98.7	99.7
24	98.9	99.4	99.5	98.7	99.7
25	99.5	100	99.7	98.9	99.5
26	100	99.7	98.5	98.7	98.9
27	100	99.4	98.7	98.5	99.7
28	99.7	100	99.2	98.2	99.5
29	99.4	98.7	99.2	97.2	98.9
30	100	99.7	97.4	98.2	99.7

首先，比较基于不同通道（X,Y,Z）数据的单通道故障信号处理方法。就识别率而言，基于 Z 通道数据的 MPE、LS 与 BA-SVM 故障诊断方法比仅基于 X 或 Y 通道数据的故障诊断方法有更好的性能，而基于 Y 通道数据的 MPE、LS 与 BA-SVM 故障诊断方法效果次之，基于 X 通道数据的 MPE、LS 与 BA-SVM 故障诊断方法效果最差。但在局部表现上并不完全符合此规律。例如，在前 $d(1\sim7)$ 个特征时，基于 Y 通道数据的 MPE、LS 与 BA-SVM 的故障诊断方法的性能优于基于 X 或 Z 通道数据的 MPE、LS 与 BA-SVM 的故障诊断方法；在前 $d(17\sim18、20\sim25、28\sim29)$ 个特征时，基于 X 通道数据的 MPE、LS 与 BA-SVM 的故障诊断方法的性能要优于基于 Y 通道数据的 MPE、LS 与 BA-SVM 的故障诊断方法。基于以上分析，单通道数据处理方法对通道数据的选择依赖较

大，并且不同通道的数据各有优缺点。因此，实际情况中应综合考虑将各通道信号进行融合，寻找有效的故障诊断方法。

其次，对比提出的多通道信号处理方法与单通道信号处理方法的诊断效果可知，针对前 $d(1{\sim}5)$ 个故障特征的识别率而言，基于 CMMPE 的多通道信号处理方法比基于单通道信号处理方法的识别率较低，然而基于输入前 $d(1{\sim}5)$ 个故障特征的识别率要远远低于基于输入前 $d(6{\sim}30)$ 个故障特征的识别率，相对于后者，前者波动幅度较大。因此，在工程实际故障诊断中，通常会选择提供更多的故障特征进行分类，从而保证故障诊断的精度。观察表 4-4 的数据可知，无论故障数据来自哪个通道，所提出的多通道故障诊断方法都比单通道故障诊断方法有较高的识别率。与基于 Z 通道数据的单通道故障诊断方法相比，尽管所提方法在部分情况下的故障识别率表现相对较差，但识别率差距极小。

最后，由上述结果可知，基于 CMMPE 的故障特征提取方法可以获得更多的故障信息，将多个通道信息进行融合，解决了单通道信号处理方法中信号通道无法选择的问题。上述基于 CMMPE、LS 与 BA-SVM 的滚动轴承故障诊断方法，相对于基于 MMPE、LS 与 BA-SVM 的滚动轴承故障诊断方法以及基于单通道信号的 MPE、LS 与 BA-SVM 的滚动轴承故障诊断方法，其有更高的识别率。

参考文献

[1] YAN R Q, LIU Y B, GAO R X. Permutation entropy: a nonlinear statistical measure for status characterization of rotary machines [J]. Mechanical systems and signal processing, 2012, 29: 474-484.

[2] 冯辅周, 饶国强, 司爱威. 基于排列熵和神经网络的滚动轴承异常检测与诊断 [J]. 噪声与振动控制, 2013, 33 (3): 212-217.

[3] 冯辅周, 饶国强, 司爱威, 等. 排列熵算法研究及其在振动信号突变检测中的应用 [J]. 振动工程学报, 2012, 25 (2): 221-224.

[4] 郑近德, 程军圣, 杨宇. 多尺度排列熵及其在滚动轴承故障诊断中的应用 [J]. 中国机械工程, 2013, 24 (19): 2641-2646.

[5] 董治麟, 郑近德, 潘海洋, 等. 基于复合多尺度排列熵与 FO-SVM 的滚动轴承故障诊断方法 [J]. 噪声与振动控制, 2020, 40 (2): 102-108.

[6] 郑近德, 潘海洋, 徐培民, 等. 一种基于复合多尺度排列熵的滚动轴承故障诊断方法: 201510297851.1 [P]. 2015-08-19.

［7］ 张根辈，臧朝平，王晓伟，等．螺栓联接框架结构的有限元模型修正 ［J］．工程力学，2014，31 (4)：26-33.

［8］ CHANG C C, LIN C J. LIBSVM：a library for support vector machines ［J］. ACM transaction on intelligent systems and technology，2011，2 (3)：1-27.

［9］ 郑近德，刘涛，孟瑞，等．基于广义复合多尺度排列熵与 PCA 的滚动轴承故障诊断方法 ［J］．振动与冲击，2018，37 (20)：61-66.

［10］ BANDT C，POMPE B. Permutation entropy：a natural complexity measure for time series ［J］．Physical review letters，2002，88 (17)：174102 (1-4).

［11］ DONG Z L, ZHENG J D, HUANG S Q, et al. Time-shift multiscale weighted permutation entropy and GWO-SVM based fault diagnosis approach for rolling bearing ［J］．Entropy，2019，21 (6)：621-641.

［12］ YIN Y，SHANG P. Multivariate weighted multiscale permutation entropy for complex time series ［J］．Nonlinear dynamic，2017，88 (3)：1707-1722.

第5章
基于多尺度散布熵的机械故障诊断方法

　　散布熵（Dispersion Entropy，DE）是一种衡量时间序列不规则程度指标[1-2]的新方法，其计算速度快且考虑了幅值间的关系，在一定程度上解决了 SampEn 与 PE 的固有缺陷。

　　由于振动信号的复杂性，单一尺度的散布熵很难完全反映故障的全部信息，为此，有学者提出了多尺度散布熵和复合多尺度散布熵等方法。本章主要介绍多尺度散布熵以及改进方法，并将它们应用于机械故障振动信号分析中。在此基础上，提出了若干种滚动轴承故障诊断的新方法，并通过试验数据对所提方法的有效性进行了验证。

5.1　多尺度散布熵

5.1.1　多尺度散布熵算法

　　多尺度散布熵（Mutiscale Dispersion Entropy，MDE）定义为时间序列在不同尺度因子下的散布熵，其计算步骤是首先对原信号进行不同尺度的粗粒化，再计算不同尺度因子下粗粒化序列的 DE 值。MDE 的计算步骤如下：

　　1）对于原始数据 $u(i)$，长度为 L，其在尺度因子 τ 下的粗粒化序列 $x_\tau(j)$ 为

$$x_\tau(j) = \frac{1}{\tau} \sum_{i=(j-1)\tau+1}^{j\tau} u(i) \tag{5-1}$$

式中，$1 \leqslant j \leqslant L/\tau$。

2）$u(i)$ 在各个尺度因子 τ 下的 MDE 定义为

$$\mathrm{MDE}(X,m,c,d) = \frac{1}{\tau} \sum_{k=1}^{\tau} \mathrm{DE}(x_{\tau},m,c,d) \tag{5-2}$$

式中，DE 表示散布熵。

5.1.2 MDE 参数选取及影响

MDE 的计算涉及 4 个关键参数，即嵌入维数 m、类别 c、延迟时间 d 以及尺度因子 $\tau_{\max}$。通常 m 越大，在重构序列联合概率时会有越多越详细的信息，但 m 越大，计算所需要的数据长度越长，计算也越耗时，综合考虑，令 $m=3$。对于类别 c，其值必须大于 1，如果 $c=1$，则散布模式只有一种；由于 c 是 DE 算法中序列散布的种类数，当 c 取值过小时，两个幅值差距很大的数据就可能被划分为同一类；而当 c 过大时，幅值相差很小的数据可能被分成不同类，此时 DE 算法对噪声很敏感。文献 [1] 中建议 $4 \leqslant c \leqslant 8$，本小节选取 $c=[4,8]$。

以长度为 4096 的高斯白噪声和 $1/f$ 噪声为研究对象，分别计算两种噪声在不同类别 c 时的 MDE 值，熵值曲线如图 5-1 所示。从图 5-1 中可以看出，熵值大小与 c 的大小成正比，即随着 c 的增加，熵值逐渐增大，MDE 值的稳定性也逐渐增强。另外，所有潜在散布模式的个数 c^m 应小于所需计算的数据长度，否则没有意义。因此，综合考虑，设置 $c=6$。

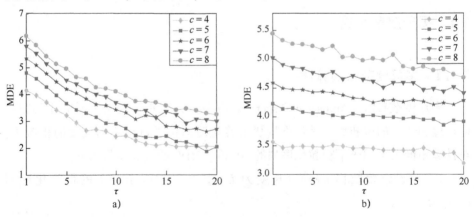

图 5-1 不同类别 c 时噪声的 MDE 值

a）高斯白噪声 b）$1/f$ 噪声

接着讨论延迟时间 d 的影响，以长度为 4096 的高斯白噪声为研究对象，分别计算高斯白噪声在不同延迟时间 d 时的 MDE 值，熵值曲线如图 5-2 所示。由图可知，不同延迟时间 d 下的 MDE 值差异很小，说明延迟时间 d 对时间序列的 MDE 值影响较小。考虑到延迟时间 d 大于 1 时可能会造成频率信息的丢失，一般令 $d=1$。

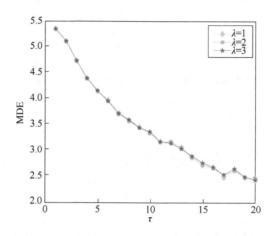

图 5-2　高斯白噪声在不同延迟时间 d 时的 MDE 值

5.1.3　MDE 在滚动轴承故障诊断中的应用

本小节采用美国凯斯西储大学轴承数据中心的滚动轴承数据对所提方法的有效性进行验证。采集正常信号和不同故障程度的故障信号共 7 种，正常及故障轴承振动信号时域波形如图 5-3 所示，其中，内圈 1、外圈 1 和滚动体 1 表示存在损伤直径为 0.1778mm 的各对应位置故障，内圈 2、外圈 2 和滚动体 2 表示存在损伤直径为 0.5334mm 的各对应位置故障。每种数据取 29 个样本，共 203 个样本，单一样本长度为 4096。

对滚动轴承上述 7 种状态振动信号的样本进行 MDE 分析，不同状态滚动轴承振动信号的 MDE 值如图 5-4 所示。从图 5-4 中可以看出，在大部分尺度上，不同状态滚动轴承振动信号的 MDE 值由大到小依次为：正常、滚动体 2、内圈 1、滚动体 1、内圈 2、外圈 2、外圈 1。正常滚动轴承振动信号的 MDE 值从第 1 个尺度到第 3 个尺度递增，在第 3 个尺度到第 11 个尺度上略有下降之后保持平稳。然而，具有局部故障滚动轴承振动信号的 MDE 值整体趋势随着尺度因子的增大而下降，下降速度随着尺度因子的增大而减小，且不同故障位置和故障程度的滚动轴承振动信号的 MDE 值下降趋势和下降速度也不相同。

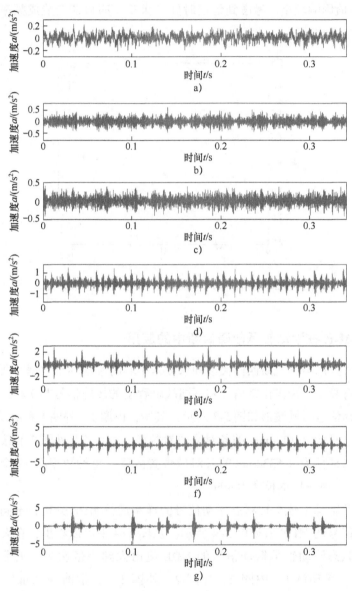

图 5-3　正常及故障轴承振动信号时域波形

a) 正常　b) 流动体 1　c) 流动体 2　d) 内圈 1　e) 内圈 2　f) 外圈 1　g) 外圈 2

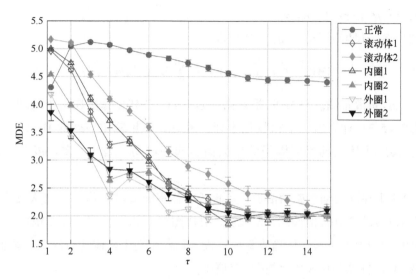

图 5-4　不同状态滚动轴承振动信号的 MDE 值

5.2　复合多尺度散布熵

MDE 在粗粒化过程中采用传统的多尺度方法，时间序列随着尺度因子的增加而逐渐变短，不可避免地导致某些有用信息发生丢失现象。基于此，文献 [3] 提出复合多尺度散布熵（Composite Multiscale Dispersion Entropy，CMDE），CMDE 极大地优化了 MDE 粗粒化过程中不充分的问题，熵值受原时间序列长度和尺度因子的影响更小。

与多尺度排列熵（MPE）和多尺度样本熵（MSE）的计算过程中先求多尺度粗粒化序列再计算熵值不同，CMDE 在计算复合粗粒化多尺度序列的 DE 值时，正态分布函数中平均值 μ 与标准差 σ 两个参数都基于原数据而非粗粒化序列。

CMDE 的计算步骤如下：

1）对于初始时间序列 $\{u(i), i = 1, 2, \cdots, L\}$，其在尺度因子 τ 下的第 k 个粗粒化序列 $x_k^{\tau} = \{x_{k,1}^{(\tau)}, x_{k,2}^{(\tau)}, \cdots\}$ 由下式给出，即

$$x_{k,j}^{\tau} = \frac{1}{\tau} \sum_{i=k+\tau(j-1)}^{k+j\tau-1} u_i \tag{5-3}$$

式中，$1 \leqslant j \leqslant L / \tau$；$1 \leqslant k \leqslant \tau$。

2）各个尺度因子 τ 下的 CMDE 定义为

$$\mathrm{CMDE}(X, m, c, d, \tau) = \frac{1}{\tau} \sum_{k=1}^{\tau} \mathrm{DE}(x_k^{\tau}, m, c, d) \qquad (5\text{-}4)$$

式中，DE 是散布熵。与 MDE 粗粒化过程不同，CMDE 算法在每个尺度 τ 上都根据式（5-3）计算出 τ 个粗粒化序列，再对 τ 个粗粒化序列的 DE 值求平均值。这减小了熵值随尺度因子的增大而引起的波动，提高了多尺度分析的稳定性。

对于上述滚动轴承振动信号，计算所有样本的 CMDE 值，不同状态滚动轴承振动信号的 CMDE 值如图 5-5 所示。对比图 5-4 和图 5-5 发现，CMDE 的均值与 MDE 的均值大小和变化趋势基本一致，二者差别主要体现在标准差幅值上，而 CMDE 的标准差比 MDE 的标准差更小。

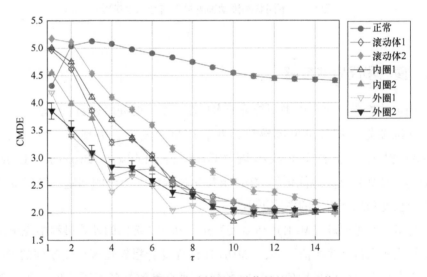

图 5-5　不同状态滚动轴承振动信号的 CMDE 值

5.3　精细复合多尺度散布熵

5.3.1　精细复合多尺度散布熵算法

精细复合多尺度散布熵（Refined Composite Multiscale Dispersion Entropy,

RCMDE)[4-5]是另一种对 MDE 改进的方法，其粗粒化过程与 CMDE 相同。RCMDE 的定义为

$$\mathrm{RCMDE}(X,m,c,d,\tau) = -\sum_{\pi=1}^{c^m} \overline{p}(\pi_{v_0 v_1 \cdots v_{m-1}}) \ln(\overline{p}(\pi_{v_0 v_1 \cdots v_{m-1}})) \qquad (5\text{-}5)$$

式中，$\overline{p}(\pi_{v_0 v_1 \cdots v_{m-1}}) = \dfrac{1}{\tau}\sum_{1}^{\tau} p_k^{\tau}$ 为粗粒化序列 x_k^{τ} 散布模式 π 的概率平均值。

对比 CMDE 和 RCMDE 的计算方式可以发现，CMDE 是先计算出尺度因子 τ 下的 τ 个粗粒化序列 x_k^{τ} 的 DE，再对 DE 求整体平均值，而 RCMDE 是先计算粗粒化序列 x_k^{τ} 散布模式 π 概率的平均值 $\overline{p}(\pi_{v_0 v_1 \cdots v_{m-1}})$。

类似地，计算上述滚动轴承振动信号所有样本的 RCMDE 值，不同状态滚动轴承振动信号的 RCMDE 值如图 5-6 所示。对比图 5-6 与图 5-4、图 5-5 可以发现，不同状态滚动轴承振动信号的 RCMDE 均值曲线与 MDE、CMDE 曲线的变化趋势一致，即正常轴承的振动信号熵值均值在大部分尺度因子上都大于故障滚动轴承的振动信号熵值均值，且变化相对平稳。

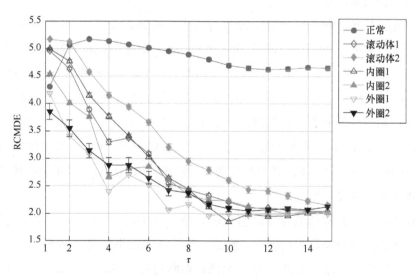

图 5-6　不同状态滚动轴承振动信号的 RCMDE 值

5.3.2　RCMDE 在滚动轴承故障诊断中的应用

基于上述分析，本小节提出一种基于 RCMDE 与支持向量机的滚动轴承故

障诊断方法，具体步骤如下：

1）设有 k 种状态滚动轴承振动数据，每种状态数据有 j 个样本，对每个样本数据进行 RCMDE 多尺度分析，并将 RCMDE 值作为敏感故障特征向量。

2）从每种状态的 j 个样本的特征向量中随机选取 i 个样本作为分类器的训练样本，剩余特征向量作为测试样本。

3）利用 SVM 建立多故障分类器，采用训练样本对分类器进行训练[6]，并利用测试样本对已训练分类器进行测试。

从图 5-6 中可以看出，几种故障轴承振动信号的 RCMDE 值在尺度因子较大时差别较小且有交叉和重叠，若选择较多尺度的 RCMDE 作为故障特征向量，虽然能够区分，但会造成信息冗余，降低识别率。同时，特征值数量选取过少可能导致故障信息不能够被完全反映，识别率较低。综合考虑，本节选用前 5 个尺度的 RCMDE 值作为样本的特征向量，并采用基于 SVM 的分类器对特征向量进行分类，以实现滚动轴承故障种类和程度的识别。其中，SVM 分类器的核函数选用径向基函数[6]。

首先，从每种状态振动信号 29 个样本中随机选取 15 个样本作为分类器的训练样本，将剩下 14 个样本作为测试样本，创建对应的训练和测试类别标签，将正常、滚动体 1、滚动体 2、内圈 1、内圈 2、外圈 1、外圈 2 分别标识为 1、2、3、4、5、6、7。其次，将训练样本输入分类器进行训练。最后，将测试样本输入已训练好的分类器进行测试，输出结果如图 5-7 所示。从图 5-7 中可以看出，预测结果与理想结果完全吻合，故障识别率为 100%。试验结果表明，基于 RCMDE 的滚动轴承故障诊断方法不仅能正确识别出滚动轴承的故障类别，还能准确识别故障程度。

作为对比，计算所有样本的多尺度熵值（MSE），并将计算结果作为特征向量输入多故障分类器进行训练与测试，测试样本输出结果如图 5-8 所示。从图 5-8 可以看出，基于 MSE 方法的故障识别率为 95.92%，7 种数据中，4 个外圈 2 的故障样本被错误识别为外圈 1 故障，其余数据类型未出现识别错误，说明基于 MSE 的方法可以准确识别出故障的不同类型，但对部分故障的故障程度识别率不高。因此，与 MSE 相比，RCMDE 能更有效地提取不同故障程度的特征，实现对故障程度的准确识别。

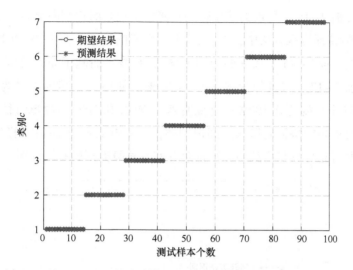

图 5-7　基于 RCMDE 的滚动轴承故障诊断方法的测试样本输出结果

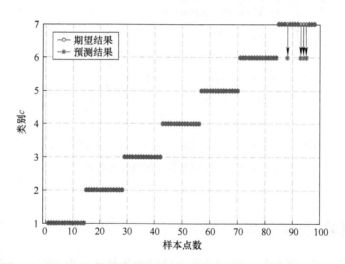

图 5-8　基于 MSE 的故障特征提取与诊断方法的测试样本输出结果

　　最后，对比分析 MSE、MDE、CMDE 和 RCMDE 在不同输入特征值个数下的故障诊断识别率。不失一般性，将 4 种故障特征提取方法得到的多尺度特征值的前 2~15 个尺度分别作为故障特征向量进行训练和测试，每种数据随机选择 15 组用于训练，其余 14 组数据用于测试，SVM 的核函数使用径向基函数，结果如图 5-9 所示。由图 5-9 可以看出，基于 CMDE 和 RCMDE 的故障诊断方法在分别选择前 2~15 个尺度的熵值作为故障特征向量时识别率都为 100%。基于 MDE 的故障特征提取方法中，在前 2~6 个尺度的识别率都为 98.98%，从第 7 个尺度开始，前 7~15 个尺度的识别率均为 100%。而基于 MSE 的故障特征提取方法在前 2~12 个尺度的识别率为 95.92%，在 13 个尺度时上升为 96.94%，并在 14~15 个尺度达到 100%。这说明基于 MDE 和 MSE 的故障特征提取与诊断方法需要更多的特征向量来提高识别率，而 CMDE 和 RCMDE 则只需较少的特征向量即可充分反映出故障特征信息并实现故障类别的有效识别。

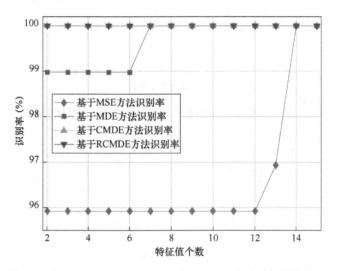

图 5-9 基于 MSE、MDE、CMDE 和 RCMDE 故障特征提取方法
在不同特征值个数下的故障识别率

5.4 多元多尺度散布熵

近年来，基于熵的复杂性理论在滚动轴承故障诊断中获得了越来越多的应用。但目前大多故障特征提取与诊断方法都基于单通道振动数据进行分析，虽然在大多数情况下，现有方法能从单通道数据中提取出有效的故障特征，但受传感器位置的影响，采集的单通道数据的故障信号强度可能较弱。常用的单通道数据处理方法提取的特征往往不能充分反映故障特性，影响故障诊断的效果。多通道数据分析方法可以对多个通道的振动信号进行综合考虑，一方面，某一通道数据故障特征不明显不会对整体的分析造成过多的影响；另一方面，

多通道数据分析方法考虑了各通道间的相互关系，这是单通道数据分析方法所不具备。这两方面因素使得多元方法能从原始数据中提取更多故障信息，有效提升信号特征的提取效果。因此，本节将散布熵及其相关理论进一步拓展到多元分析领域，重点介绍多元散布熵（Multivariate Dispersion Entropy，mvDE）、多元多尺度散布熵（Multivariate Multiscale Dispersion Entropy，MMDE），并在MMDE 的基础上对多元多尺度过程进行优化，提出了精细化复合多元多尺度散布熵（Refined Composite Multivariate Multiscale Dispersion Entropy，RCMMDE），最后将所提的 RCMMDE 等方法应用于滚动轴承故障诊断，取得了良好的诊断效果。

5.4.1　多元散布熵算法

对于原始多元时间序列 $X = \{x_{k,i}\}_{k=1,2,\cdots,p}^{i=1,2,\cdots,N}$，其 mvDE 定义如下：

1）通过正态分布函数，将 X 映射到 $Y = \{y_{k,i}\}_{k=1,2,\cdots,p}^{i=1,2,\cdots,N}$，即

$$y_{k,i} = \frac{1}{\sigma_k \sqrt{2\pi}} \int_{-\infty}^{x_{k,i}} e^{\frac{-(t-\mu_k)^2}{2\sigma_k^2}} \, dt \qquad (5\text{-}6)$$

式中，μ 和 σ^2 分别是原多元时间序列的数学期望和方差。

2）采用式（5-7）线性方法将 Y 映射至 $Z = \{z_{k,i}\}_{k=1,2,\cdots,p}^{i=1,2,\cdots,N}$，即

$$z_{k,i} = R(cy_{k,i} + 0.5) \qquad (5\text{-}7)$$

式中，R 是取整函数；c 是类别个数。

3）根据多元嵌入理论，对时间序列 Z 进行如下方式重构，即

$$Z_m(j) = [z_{1,j}, z_{1,j+d_1}, \cdots, z_{1,j+(m_1-1)d_1},$$
$$z_{2,j}, z_{2,j+d_2}, \cdots, z_{2,j+(m_2-1)d_2}, \cdots,$$
$$z_{p,j}, z_{p,j+d_p}, \cdots, z_{p,j+(m_p-1)d_p}] \qquad (5\text{-}8)$$

式中，$j \in [1, N-(m-1)d]$；$m = [m_1, m_2, \cdots, m_p]$，$d = [d_1, d_2, \cdots, d_p]$ 分别是嵌入维数和延迟时间 d，为方便起见，取 $m_k = m$，$d_k = d$。

4）再将 $Z_m(j)$ 里所有元素分为 m 个一组进行组合，结果记作 $\phi_{q,l}(j)$，且 $q \in [1, C_m^{mp}]$，$l \in [1, m]$。

5）将每个 $\phi_{q,l}(j)$ 都映射为一个散布模式 $\pi_{v_0 v_1 \cdots v_{m-1}}$ $(v = 1, 2, \cdots, c)$，其中

$\phi_{q,l}(j) = v_0$, $\phi_{q,l}(j) = v_1$,$\cdots$,$\phi_{q,l}(j) = v_{m-1}$。由于每个 $Z_m(j)$ 里的元素共有 C_m^{mp} 种组合方式，因此，对于所有通道数据，总共有 $[N-(m-1)d]C_m^{mp}$ 个散布模式。由于 $\pi_{v_0 v_1 \cdots v_{m-1}}$ 由 m 位数组成，每位数有 c 种，所以散布模式共有 c^m 种。每个散布模式的概率为

$$p(\pi_{v_0 v_1 \cdots v_{m-1}}) = \frac{N'(\pi_{v_0 v_1 \cdots v_{m-1}})}{[N-(m-1)d]C_m^{mp}} \tag{5-9}$$

式中，N' 是 $\phi_{q,l}(j)$ 中 $\pi_{v_0 v_1 \cdots v_{m-1}}$ 的个数。

6）最后，根据香农熵的定义，定义原多元数据的 mvDE 为

$$\text{mvDE}(x,m,c,d) = -\sum_{\pi=1}^{c^m} p(\pi_{v_0 v_1 \cdots v_{m-1}}) \ln[p(\pi_{v_0 v_1 \cdots v_{m-1}})] \tag{5-10}$$

事实上，文献［7］还定义了另外 3 种 mvDE 算法，但是这 3 种算法计算效率低或需要大量的储存空间。mvDE 中考虑了不同通道数据之间的关系，且 mvDE 比单通道 DE 更可靠、准确。

5.4.2 多元多尺度散布熵算法

MMDE 首先对原始多元数据进行粗粒化，然后对粗粒化后的数据求多元散布熵，其计算步骤如下：

1）对长度为 L 的原始 p 元数据 $U = \{u_{k,b}\}_{k=1,2,\cdots,p}^{b=1,2,\cdots,L}$，其在尺度因子为 τ 的粗粒化序列为

$$x_{k,i}^{\tau} = \frac{1}{\tau} \sum_{b=(i-1)\tau+1}^{i\tau} u_{k,b} \qquad 1 \leqslant i \leqslant \frac{L}{\tau},\ 1 \leqslant k \leqslant p \tag{5-11}$$

2）计算粗粒化序列 $x_{k,i}^{\tau}$ 在尺度因子 τ 下的多元散布熵值。

在上述尺度因子为 τ 的粗粒化多元时间序列中，只考虑了单一的粗粒化多元时间序列的信息，而忽略了其他 $\tau-1$ 个同样存在有用信息的多元粗粒化序列。

5.5 精细复合多元多尺度散布熵

5.5.1 精细复合多元多尺度散布熵算法

为了克服多元多尺度散布熵（MMDE）粗粒化存在的不足，提出了精细复

合多元多尺度散布熵（RCMMDE），其计算步骤如下：

1）对于长度为 L 的 p 元原始多元时间序列 $U=\{u_{k,b}\}_{k=1,2,\cdots,p}^{b=1,2,\cdots,L}$，首先计算尺度为 τ 的粗粒化序列，第 a 组（由每个通道数据在该尺度下的粗粒化序列组成）粗粒化序列为

$$x_{k,i,a}^{\tau}=\frac{1}{\tau}\sum_{b=a+\tau(i-1)}^{a+i\tau-1}u_{k,b} \qquad (5\text{-}12)$$

式中，$1\leqslant i\leqslant L/\tau$；$1\leqslant k\leqslant p$；$1\leqslant a\leqslant \tau$。

2）原始多元时间序列 U 的 RCMMDE 为

$$\text{RCMMDE}(U,m,c,d,\tau)=-\sum_{\pi=1}^{c^m}\overline{p}(\pi_{v_0v_1\cdots v_{m-1}})\ln\left[\overline{p}(\pi_{v_0v_1\cdots v_{m-1}})\right] \qquad (5\text{-}13)$$

式中，$\overline{p}(\pi_{v_0v_1\cdots v_{m-1}})=\frac{1}{\tau}\sum_{a=1}^{\tau}p_a^{\tau}$ 表示各组多元粗粒化序列 x_a^{τ} 的散布模式 $\pi_{v_0v_1\cdots v_{m-1}}$ 的平均值。

5.5.2　仿真试验分析

本小节采用高斯白噪声（WGN）和 $1/f$ 噪声构造多元信号，合成信号分别为：①三通道 WGN 信号，②两通道 WGN 信号和一通道 $1/f$ 噪声信号，③一通道 WGN 信号和两通道 $1/f$ 噪声信号，④三通道 $1/f$ 噪声信号。每种信号创建 30 个样本，信号长度为 2048。计算每个多元信号的 RCMMDE、MMDE 和 MMFE 熵值，并计算它们的均值标准差，结果如图 5-10 所示。从图 5-10 中可以看出，3 种方法的多元多尺度曲线整体变化趋势都相近，几组信号多元多尺度熵值的整体大小关系都为：④>③>②>①。其中 RCMMDE 与 MMDE 的处理结果基本一致，但是，RCMMDE 方法标准差更小，熵值更稳定。MMFE 处理结果的整体大小关系与 RCMMDE、MMDE 相同，但是每种信号的 MMFE 在前几个尺度上的熵值下降速度更快，且信号③和④的结果误差较大，分离性较差。因此，相对于 MMDE 和 MMFE，RCMMDE 在特征提取方面具有更好的分离性和更强的稳定性。

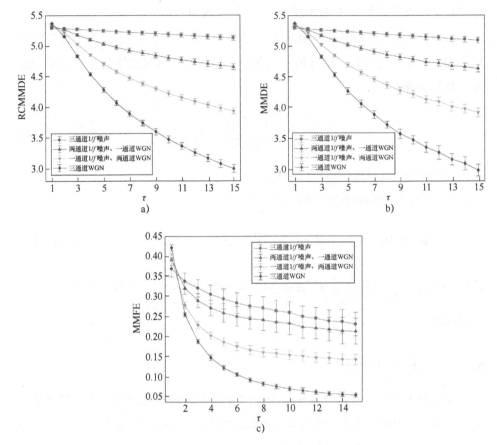

图 5-10　不同处理方法所得熵值的均值标准差
a) RCMMDE　b) MMDE　c) MMFE

5.5.3　RCMMDE 和 MCFS 在滚动轴承故障诊断中的应用

本小节将原始数据在多个尺度的 RCMMDE 熵值作为原始信号的特征向量，然而，由于不同尺度的熵值中可能存在冗余信息，将全部熵值作为特征向量会在一定程度上影响故障识别率。因此，有必要从全部尺度的故障特征中选择若干个主要故障特征进行分类器的训练和测试。

MCFS（MultiCluster/Class Feature Selection，MCFS）是一种特征降维方法[8]，其在选择重要特征的同时可以很好地保持数据的多聚类结构，且可以进行无监督学习和具有较高的计算效率。文献 [8] 将 MCFS 与最大方差法、拉普拉斯分值法和 Q-α 法等进行对比，结果表明，在特征值个数小于 50 的情况下，MCFS 在聚类和分类方面性能更加优异。鉴于 RCMMDE 的最大尺度因子通常小于 50，因此，采用 MCFS 对 RCMMDE 提取的故障特征进行选择，能够有效提升故障特征的识别能力。基于 RCMMDE 和 MCFS 的滚动轴承故障诊断方法的具体步骤如下：

1）假设有 K 类多元轴承振动数据，其中每类数据有 N_k 个样本：$\{X_{k,n}, n = 1, 2, \cdots, N_k, k = 1, 2, \cdots, K\}$，$\{X_{k,n}\}$ 指第 k 类、第 n 个多通道数据。因此，共有 $N = \sum_{k=1}^{K} N_k$ 个样本，假设 $N_1 = N_2 = \cdots = N_k$，即 $N = KN_1$。

2）计算所有 N 个样本的 RCMMDE 值，获得其包含 $K \times N_1 \times \tau_{\max}$ 三个维度信息的特征 $\mathrm{RCMMDE}_{k,n}(\tau)$，其中 $\tau_{\max}$ 为预设最大尺度因子，$\tau = 1, 2, \cdots, \tau_{\max}$，$k = 1, 2, \cdots, K$，$n = 1, 2, \cdots, N_k$。

3）对于 K 类信号的 N_k 个样本，从中随机选取 M_k 个作为训练数据，剩下 $N_k - M_k$ 个样本作为测试数据，即将故障特征 $\mathrm{RCMMDE}_{k,n}(\tau)$ 分割为训练样本 $T_{k,m_1}(\tau)$ 和测试样本 $Q_{k,l_1}(\tau)$，其中 $m_1 = 1, 2, \cdots, M_k$，$l_1 = 1, 2, \cdots, N_k - M_k$，$k = 1, 2, \cdots, K$。

4）采用 MCFS 对训练样本 $T_{k,m_1}(\tau)$ 进行训练，并将特征维度降低为 d，也就是特征维度 $\tau_{\max}$ 降低至 $d[T_{k,m_1}(\tau) \rightarrow T_{k,m_1}(\tau')$，$\tau' = 1, 2, \cdots, d$，$d < \tau_{\max}]$。之后，测试样本 $Q_{k,l_1}(\tau)$ 按照训练样本的挑选顺序进行同样尺度的缩减 $[Q_{k,l_1}(\tau) \rightarrow Q_{k,l_1}(\tau')]$。因此，$T_{k,m_1}(\tau')$ 为新的训练样本，$Q_{k,l_1}(\tau')$ 为新的测试样本。

5）将新的训练数据 $T_{k,m_1}(\tau')$ 输入基于 SVM 的多类别分类器进行训练，训练完成后获得一个包含故障特征信息的分类器模型，将新的测试样本 $Q_{k,l_1}(\tau')$ 输入该模型进行测试，即可获得相应的故障类别。

基于 RCMMDE 和 MCFS 的滚动轴承故障诊断方法的流程如图 5-11 所示。

采用美国凯斯西储大学轴承数据中心滚动轴承数据对上述方法的有效性进行验证。轴承数据信息如下：采样频率 12kHz，电动机转速 1730r/min，使用其风扇端和驱动端的同步振动信号构建双通道数据，滚动体、内圈、外圈的损伤直径每类取两种：0.1778mm（分别标记为 BE1、IR1、OR1）和 0.5334mm

（分别标记为 BE2、IR2、OR2）。正常状态信号（标记为 Norm）及不同故障类型和故障程度的信号共 7 种，每种数据取 29 个样本，共 203 个样本，每个样本每个通道取 4096 个采样点，样本及标签信息见表 5-1，原始数据时域波形如图 5-12 所示。从图 5-12 中可以看出，不同通道采集的同种类型信号数据存在一定的差异。

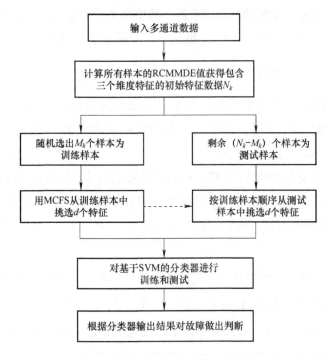

图 5-11　基于 RCMMDE 和 MCFS 的滚动轴承的故障诊断方法的流程

表 5-1　样本及标签信息

类别标签	数据类别	损伤直径/mm	训练样本数	测试样本数
1	正常	0	15	14
2	滚动体 1	0.1778	15	14
3	滚动体 2	0.5334	15	14
4	内圈 1	0.1778	15	14
5	内圈 2	0.5334	15	14
6	外圈 1	0.1778	15	14
7	外圈 2	0.5334	15	14

分别计算上述振动信号最大尺度因子为 15 的 RCMMDE、MMFE、MDE、MMDE 和 MMSE 值，并绘制均值标准差图，结果如图 5-13 所示。从图 5-13 中可以看出，几种方法对正常信号和故障信号的处理结果具有明显的相似性。相对于故障信号，从正常信号提取出的多尺度熵值随尺度因子的增大趋势更加平缓，且除第一个尺度外，绝大多数尺度上正常信号的熵值要大于故障信号的熵

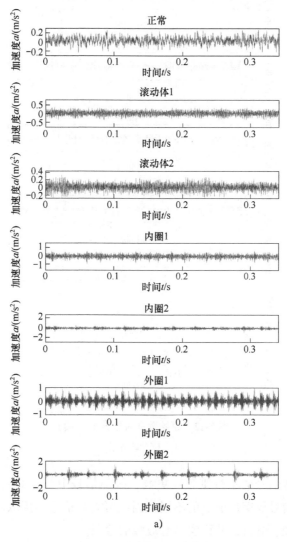

a)

图 5-12　原始数据时域波形

a）风扇端数据

机械故障诊断的复杂性理论与方法

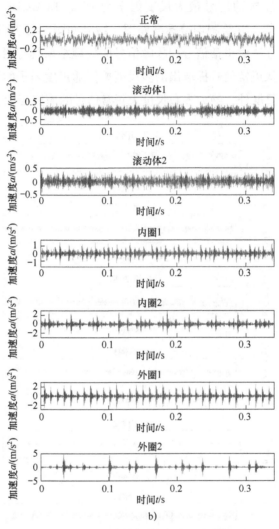

图 5-12 原始数据时域波形（续）

b）驱动端数据

值，这说明正常信号的不规则程度更高，故障信号中包含的周期性成分更多。由于不同故障信号周期性成分的不同，因此可以从信号中提取出不同特征，再对特征进行处理、分析，从而实现对故障的诊断。

对比图 5-13 所示的故障熵值特征曲线可知，故障的特征曲线整体上随着尺度因子的增加而下降，这说明随着尺度因子的增加，故障信号中相似成分增

118

加，不规则程度降低。对比图 5-13a、图 5-13b、图 5-13f 发现，本小节提出的 RCMMDE 方法比 MMSE 和 MMFE 方法提取的正常信号特征更加平稳，误差更小。在故障信号特征提取方面，RCMMDE、MMSE 和 MMFE 提取出的故障熵值曲线存在相似之处，其中 BE1、BE2 和 IR1 共 3 种故障相对于其他故障熵值曲线更高且分离度较低，MMSE 提取的这 3 种故障特征误差相对较大，MMFE 提取的 BE2 故障特征与其他故障特征分离度较 RCMMDE 更低。IR2、OR1 和 OR2 这 3 种故障熵值曲线相对较低，分离度更高。从整体来看，RCMMDE 提取的 OR2 特征误差相对较大，除此之外，RCMMDE 都优于 MMSE 和 MMFE，说明本小节提出的 RCMMDE 方法相对于 MMSE 和 MMFE 这两种多元方法在大部分故障特征提取中更具有优势。对比图 5-13c ~ 图 5-13f 可以发现，MMDE 和 RCMMDE 两种方法提取的特征曲线整体趋势基本保持一致，MDE 从驱动端提取的特征曲线与使用 MMDE 和 RCMMDE 方法所得结果更接近，而 MDE 从风扇端提取的特征曲线分离度较差。数据整体特征误差由大到小分别为 MDE、MMDE、RCMMDE，这说明相对于传统的单通道数据分析方法，多元分析方法由于综合考虑多通道数据的信息，提取出的特征稳定性更强。因此，本小节提出的 RCMMDE 方法在传统多元多尺度基础上进行进一步改进，提取故障的稳定性比传统方法更强。

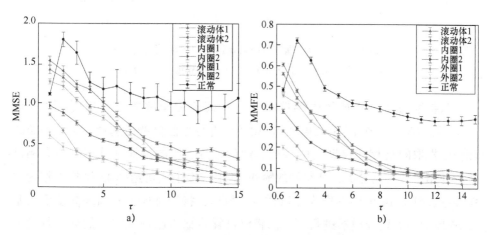

图 5-13　不同处理方法所得熵值的均值标准差

a) MMSE　b) MMFE

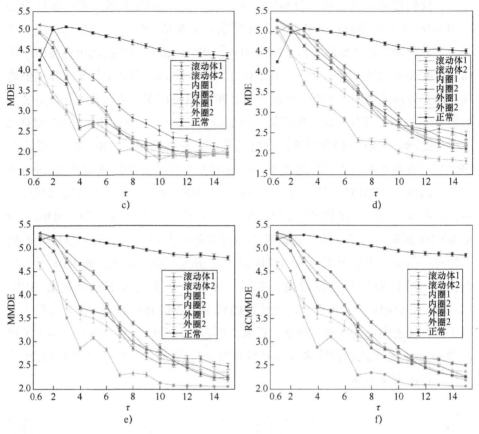

图 5-13　不同处理方法所得熵值的均值标准差（续）

c）驱动端 MDE　d）风扇端 MDE　e）MMDE　f）RCMMDE

从提取的初始特征值中挑选出 4 个特征值用于故障分类识别，并采用 MCFS 对 203 个样本 15 个尺度的 RCMMDE 进行无监督特征选择，保证每类故障信号提取的是相同尺度上的特征。然后，对提取的特征划分训练集和测试集，并用于分类器分类，从每种故障的 29 个样本中随机选择 15 个样本作为训练样本，剩下 14 个样本作为测试样本。最后，将训练样本和训练标签输入基于 SVM 的多类别分类器进行训练。将测试样本输入已训练完成的分类器模型中进行测试，测试样本输出结果如图 5-14 所示。从图 5-14 中可以看出，基于 RCMMDE 的故障特征提取与诊断方法未出现识别错误的情况，识别率为 100%，验证了所提故障特征提取与诊断方法的有效性。

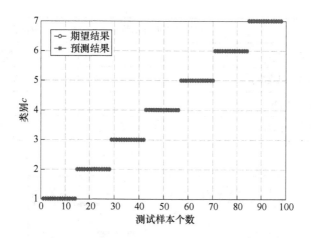

图 5-14　基于 RCMMDE 故障特征提取方法的测试样本输出结果

为对比 RCMMDE 与 MMSE、MMFE、MDE 和 MMDE 在滚动轴承故障特征提取中的效果,将上述方法应用于相同数据的特征提取、特征选择、分类器训练和测试,不同方法对应的识别率对比数据见表 5-2,测试结果如图 5-15 所示。对比几种方法的识别率可以发现,基于 MMSE 和基于 MMFE 的故障特征提取与诊断方法都未能有效识别外圈的两种不同程度的故障,且基于 MMSE 的故障特征提取与诊断方法将一个滚动体 2 类型的样本错分为内圈 2 类型的样本。基于 MDE 的故障特征提取与诊断方法在处理驱动端数据时表现较好,只出现一个样本分类的错误,但该方法在风扇端数据的分析中效果较差,有 15 个样本被错误分类。基于 MMDE 和 RCMMDE 的故障特征提取与诊断方法均未出现识别错误,MDE 方法提取的特征误差相对较大,RCMMDE 方法提取的特征误差最小,进一步体现出多通道分析相对于传统的单通道分析在滚动轴承故障诊断中的优势,同时证明了本小节提出的 RCMMDE 方法在滚动轴承故障诊断中的优越性。

表 5-2　识别率对比数据

方　法	识别错误的样本数目	故障识别率（%）
MMSE+MCFS+SVM	10	89. 7959
MMFE+MCFS+SVM	8	91. 8367

（续）

方　　法	识别错误的样本数目	故障识别率（%）
MDE+MCFS+SVM（驱动端）	1	98.9796
MDE+MCFS+SVM（风扇端）	15	84.6939
MMDE+MCFS+SVM	0	100
RCMMDE+MCFS+SVM	0	100

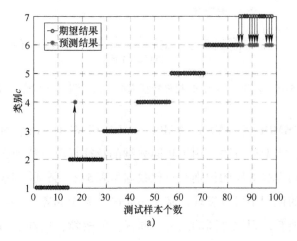

a)

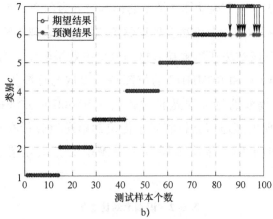

b)

图 5-15　不同故障诊断方法的测试结果

a) MMSE　b) MMFE

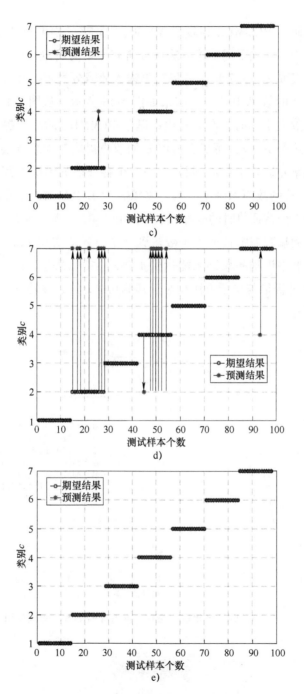

图 5-15　不同故障诊断方法的测试结果（续）

c）驱动端 MDE　d）风扇端 MDE　e）MMDE

为进一步研究 RCMMDE 相较于 MMSE、MMFE、MDE 和 MMDE 在特征提取方面的优越性，首先采用上述方法计算所有样本的熵值；再采用 MCFS 从初始特征中分别提取 2~15 个特征，将结果输入故障分类器，并计算几种方法在不同特征个数下的故障识别率，结果如图 5-16 所示。从图 5-16 中可以发现，当特征输入个数大于 3 时，本节提出的基于 RCMMDE 的故障提取与诊断方法的识别率即可达到 100%，而基于 MMDE 的故障提取与诊断方法从 4 个特征值开始故障识别率才达到 100%，同时，在 2 个特征值的情况下其识别率低于基于 RCMMDE 方法的故障识别率，基于 MMSE 和 MMFE 的故障提取与诊断方法分别在 5 个和 6 个特征值时的故障识别率达到 100%。基于 MDE 的故障提取与诊断方法在驱动端数据中特征值个数达到 9 个时才能实现 100% 的识别率，而其在风扇端数据中识别率始终未能达到 100%。综上所述，本小节提出的基于 RCMMDE 的故障提取与诊断方法相对于其他几种方法在该轴承试验数据故障诊断中更具优越性。

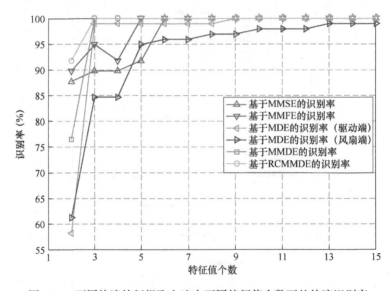

图 5-16　不同故障特征提取方法在不同特征值个数下的故障识别率

参考文献

[1] ROSTAGHI M，AZAMI H. Dispersion entropy：a measure for time-series analysis［J］. IEEE signal processing letters，2016，23（5）：610-614.

［2］李从志，郑近德，潘海洋，等．基于自适应多尺度散布熵的滚动轴承故障诊断方法［J］. 噪声与振动控制，2018，38（5）：173-179.

［3］郑近德，李从志，潘海洋．复合多尺度散布熵在滚动轴承故障诊断中的应用［J］. 噪声与振动控制，2018，38（2）：653-656.

［4］AZAMI H，ROSTAGHI M，ABÁSOLO D，et al. Refined composite multiscale dispersion entropy and its application to biomedical signals［J］. IEEE transactions on biomedical engineering，2017，64（12）：2872-2879.

［5］李从志，郑近德，潘海洋，等．基于精细复合多尺度散布熵与支持向量机的滚动轴承故障诊断方法［J］. 中国机械工程，2019，30（14）：1713-1719.

［6］CHANG C C，LIN C J. LIBSVM：a library for support vector machines［J］. ACM transactions on intelligent systems and technology（TIST），2011，2（3）：1-27.

［7］AZAMI H，FERNÁNDEZ A，ESCUDERO J. Multivariate multiscale dispersion entropy of biomedical times series［J］. Entropy，2019，21（9）：913.

［8］CAI D，ZHANG C，HE X. Unsupervised feature selection for multicluster data［C］. Washington DC：Proceedings of the 16th ACM SIGKDD international conference on knowledge discovery and data mining，2010，333-342.

第 6 章

基于自适应多尺度熵的机械故障智能诊断方法

将基于熵的复杂性理论用于多尺度分析时间序列或信号，可以有效提取蕴藏在时间序列内部的信息特征。常用的多尺度化方法主要有两种：一种是基于粗粒化过程的多尺度方式，该粗粒化方式本质上类似于一个线性低通滤波器；另一种是基于自适应信号分解的多尺度化方法。本章重点介绍基于自适应信号分解的多尺度复杂性理论分析方法，并探讨它们在机械故障智能诊断中的应用。

6.1　粗粒化与自适应多尺度化分析

由于设备振动的复杂性，单一尺度的熵值很难完全反映振动信号的全部故障信息。科斯塔（Costa）等[1-2]通过引入时间序列的粗粒化方法，提出了多尺度熵（MSE），用来衡量时间序列在不同尺度上复杂性程度。但是，粗粒化多尺度方法在计算过程中，粗粒化序列长度随着尺度因子的增大而减小，导致后续熵值计算偏差稳定性不足[3]，而且粗粒化过程本质上是线性光滑化，仅仅捕获粗尺度上的低频成分信息，而损失了细尺度上的高频成分信息。

以经验模态分解（Empirical Mode Decomposition，EMD）为代表的自适应信号分解方法能够将一个复杂多分量信号自适应地分解为若干个本征模态函数（Intrinsic Mode Function，IMF）和一个趋势项之和。自适应信号分解方法本质上是边界自适应的带通滤波器，各个 IMF 分量也表示了原始信号在不同频带的组成成分。因此，自适应信号分解方法能够实现复杂多分量信号在不同尺度下的模态分解。

6.2　自适应复合多尺度模糊熵

多尺度熵（MSE）能够衡量时间序列在不同尺度上复杂性。但是，MSE 中粗粒化序列的计算方式存在严重不足，会导致后续熵值的计算偏差随尺度因子的增大而增大[4]。文献 [5] 针对这一问题，综合考虑同一尺度下多个粗粒化时间序列的熵值信息，提出了复合多尺度模糊熵（Composite Multiscale Fuzzy Entropy，CMFE），并将其与 MSE 对比。结果表明，CMFE 能够有效地抑制因粗粒化时间序列变短而导致的熵值突变，稳定性更好。尽管 CMFE 弥补了 MSE 的不足，但在 CMFE 方法中，时间序列的粗粒化过程本质上是线性光滑化和原始时间序列的简单提取，在处理非线性和非平稳振动信号时其尺度选择不具有自适应性。

变分模态分解（Variational Mode Decomposition，VMD）是德拉戈米列茨基（Dragomiretskiy）和佐索（Zosso）[6]在传统维纳滤波的基础上提出的一种非递归自适应的信号分解方法，其可以将信号分解问题转化为约束优化问题，将一个复杂非平稳信号自适应地分解为若干个不同尺度或频带的本征模态函数之和。VMD 具有精度高和收敛速度快的特点，消除了指数衰减直流偏移，非常适合处理滚动轴承故障振动信号[7]。结合 VMD 方法的优势，本节提出一种基于 VMD 的自适应复合多尺度模糊熵（Adaptive Composite Multiscale Fuzzy Entropy，ACMFE）方法，并将 ACMFE 与粒子群优化支持向量机（Particle Swarm Optimization-Support Vector Machine，PSO-SVM)[8]结合，形成了一种新的滚动轴承故障智能诊断方法。最后，将所提方法应用于滚动轴承故障试验数据分析，结果表明，所提方法能够有效诊断出滚动轴承不同的运行状态和故障类型。

6.2.1　基于 VMD 的自适应复合多尺度模糊熵算法

1. 变分模态分解

和 EMD 一样，VMD 也是一种自适应信号分解的新方法，该方法在获取分解分量时通过迭代搜寻变分模型最优解来确定每个分量中心频率及带宽，从而能够自适应地实现信号的有效分离。其分解是基于经典维纳滤波、希尔伯特变换和混频的变分问题求解过程。VMD 的计算步骤如下：

1) 对于原始信号 $f(t)$、每个模态 $u_k(t)$、中心频率 $\{w_k^1\}$ 和算子 $\{\lambda^1\}$，更新 u_k 和 w_k；

$$\hat{u}_k^{n+1}(w) = \frac{f(w) - \sum_{i \neq k} \hat{u}_i(w) + \dfrac{\lambda(w)}{2}}{1 + 2\alpha(w - w_k)^2} \tag{6-1}$$

$$w_k^{n+1} = \frac{\int_0^\infty w |\hat{u}_k(w)|^2 dw}{\int_0^\infty |\hat{u}_k(w)|^2 dw} \tag{6-2}$$

式中，$f(w)$、$\hat{u}_k(w)$ 分别为原始信号 $f(t)$、模态 $\hat{u}_k(t)$ 的频域表示。

2) 更新 λ。对于给定判别精度 $\varepsilon > 0$，如果 $\sum_{k=1}^{K} \|\hat{u}_k^{n+1} - \hat{u}_k^n\|_2^2 / \|\hat{u}_k^n\|_2^2 < \varepsilon$，则停止迭代，否则返回步骤 1，其中 K 为信号 $f(t)$ 分解的模态数。VMD 算法可以概括为：首先在频域中不断更新各模态，然后通过 FFT（Fast Fourier Transform）逆变换到时域；其次，作为各模态的功率谱重心，重新预估中心频率，并重复此循环。

VMD 是一种自适应与准正交信号分解方法，将复杂信号非递归地分解成一系列不同尺度有限带宽的 IMF 之和，非常适合处理非平稳、非线性复杂信号。

2. 基于 VMD 的自适应复合多尺度模糊熵方法

ACMFE 的主要计算步骤如下：

1) 原始复杂振动信号经 VMD 自适应地分解为一系列不同尺度的 IMF 之和。

2) 计算经依次剔除低频或高频信号后叠加信号的 CMFE。

步骤 2 中的不同尺度化方式决定了 ACMFE 有两种算法，分别为从精到粗 ACMFE 和从粗到精 ACMFE 算法。

（1）算法 1（从精到粗）

1) 采用 VMD 算法对非线性的原始振动信号进行自适应分解，从而得到一系列不同粗粒尺度的 IMF 分量之和。通过依次剔除高频 IMF（记为 F_{im}），再将

剩余 IMF 分量叠加，则得到自适应粗粒化序列 $y(s)$，即

$$y(s) = \sum_{i=s}^{k} F_{\text{im},i} \qquad 1 \leqslant s \leqslant k \tag{6-3}$$

式中，s 是自适应尺度因子；k 是经 VMD 分解后 IMF 总数。

2）对不同 s，计算 ACMFE 为

$$E_{\text{acmf}}(\tau) = E_{\text{cmf}}[y(s),\tau,m,n,r] \tag{6-4}$$

式中，τ 是尺度因子；m 是嵌入维数；n 是指数函数梯度参数；r 是相似容限。

（2）算法 2（从粗到精）

1）利用 VMD 算法对非线性原始振动信号进行分解，从而得到一系列不同尺度的 IMF 分量之和。通过依次剔除低频 IMF，再将剩余 IMF 分量叠加，则得到自适应粗粒化序列 $y(s)$，即

$$y(s) = \sum_{i=s}^{k} F_{\text{im},i} \qquad 1 \leqslant s \leqslant k \tag{6-5}$$

2）对不同 s，计算 ACMFE 为

$$E_{\text{acmf}}(\tau) = E_{\text{cmf}}[y(s),\tau,m,n,r] \tag{6-6}$$

从 CMFE 和 ACMFE 算法过程可以看出，由于 CMFE 是线性运算，在处理非平稳、非线性复杂振动信号时，其算法提取不同尺度信息时不具有自适应性。而对于这类信号，ACMFE 方法由于使用 VMD 分解信号，能够得到自适应粗粒化尺度。因此在处理非平稳、非线性复杂振动信号时，ACMFE 方法优于 CMFE 和 MSE。

6.2.2　自适应复合多尺度模糊熵在滚动轴承故障诊断中的应用

1. 滚动轴承故障诊断方法步骤

在从振动信号中使用 ACMFE 提取故障特征之后，得到特征向量的维数一般比较高，若直接采用分类器进行识别会降低识别率。因此，有必要采用特征选择的方法消除无关或冗余特征。拉普拉斯分值（Laplacian Score，LS）法[9]是一种新的特征选择算法，其综合了拉普拉斯特征映射与局部保持投影两种方法中的局部保持能力来衡量特征信息，该法将高维特征空间转为低维特征空间，同时保存了特征集合内的几何结构信息。迭代拉普拉斯分值（Iterative Laplacian Score，ILS）法[10]通过其局部保持能力，在每次迭代中剔除最不相关

特征来逐渐更新近邻图，通过这种方法选择的特征子集比 LS 更能体现数据的特征。因此，采用 ILS 算法对特征向量矩阵进行降维。同时为了实现智能诊断，采用训练速度快、适合小样本分类的 PSO-SVM 分类器对滚动轴承的不同故障类型进行模式识别。

通过上述分析，基于 ACMFE、ILS 和 PSO-SVM 的滚动轴承故障诊断方法实现步骤如下：

1）假定滚动轴承的状态包含 K 类，每类状态采集 N 组样本。

2）提取原始振动信号的 ACMFE，每组样本得到 r 个特征值，组成特征向量矩阵 $\boldsymbol{R}^{N \times r}$。其中，$r = k\tau_{max}$；$k$ 是 VMD 算法中的自适应尺度值，需要预先设定；τ_{max} 是 CMFE 算法中最大尺度因子，一般小于等于 20。

3）每种状态各取 $N/2$ 组形成原始训练样本集，其余作为原始测试样本集。采用 ILS 对原始训练样本特征值进行排序，将得分较高的前 p 个序列对应的特征值组成敏感状态低维特征向量矩阵，得到一个反映振动信号内在信息的低维训练样本集。对原始测试样本采用同样处理方式，一般 p 取 6。

4）将低维训练样本集输入 PSO-SVM 进行训练，用训练好的 PSO-SVM 对低维测试样本集进行分类预测。根据 PSO-SVM 的输出结果来判断滚动轴承的状态和故障类型。

2. 试验验证

为了验证 ACMFE 方法在轴承故障诊断中的有效性，采用美国凯斯西储大学的滚动轴承试验测试数据进行分析。在转速为 1730r/min、功率为 2238kW、采样频率为 12kHz 条件下，采集正常（Norm）、具有局部单点点蚀的内圈（IR）、滚动体故障（BE）和外圈故障（OR）4 种状态的轴承振动信号。每种状态取 29 组数据，每组数据长度为 4096 个数据点。故障识别具体步骤如下：

1）提取原始振动信号的 ACMFE，每种状态取 29 组样本，每组样本得到 80 个特征值，4 种状态共得到 116 组样本，组成特征向量矩阵 $\boldsymbol{R}^{116 \times 80}$，其中 $r = k\tau_{max} = 80$，k 取 8，τ_{max} 取 10。

2）每种状态取 15 组组成原始训练样本集 $\boldsymbol{R}^{60 \times 80}$，其余作为原始测试样本集 $\boldsymbol{R}^{56 \times 80}$。采用 ILS 对原始训练样本特征向量矩阵的所有特征值依照重要性进行排序，其排序前如图 6-1a 所示，排序后的特征值重要性顺序如图 6-1b 所示。

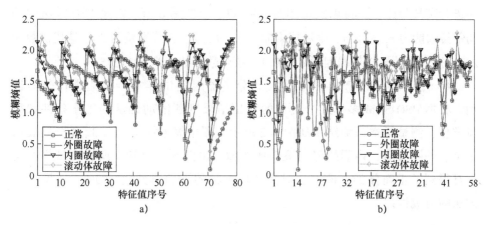

图 6-1　特征值排序前后对比

a）ILS 排序前特征值序列　b）ILS 排序后特征值序列

由图 6-1 可以看出，ILS 排序前，4 类样本的所有特征值都非常接近，而采用 ILS 进行排序后，4 类样本的特征值在前 20 个维度上分离尺度较为明显，这说明采用 ILS 可以筛选出区分不同状态内在信息的特征值。在图 6-1b 中，所有特征值按照得分大小从高到低排序，得出如下结果：

$$S_{64}>S_{63}>S_{61}>S_{62}>S_{65}>S_3>S_4>S_{13}>S_{80}>S_{14}>S_{71}>S_{79}>S_2>S_{23}>S_{78}>S_5>$$
$$S_{75}>S_{76}>S_{24}>S_{77}>S_{74}>S_{72}>S_{73}>S_8>S_{12}>S_7>S_{10}>S_9>S_{42}>S_{32}>S_{22}>S_{33}>$$
$$S_{18}>S_{34}>S_{15}>S_{20}>S_{19}>S_{43}>S_{11}>S_{17}>S_{28}>S_1>S_{30}>S_{40}>S_{31}>S_6>S_{29}>S_{38}>$$
$$S_{39}>S_{27}>S_{25}>S_{37}>S_{35}>S_{50}>S_{67}>S_{16}>S_{44}>S_{66}>S_{49}>S_{21}>S_{48}>S_{36}>S_{26}>S_{47}>$$
$$S_{46}>S_{45}>S_{54}>S_{70}>S_{51}>S_{41}>S_{55}>S_{68}>S_{52}>S_{60}>S_{53}>S_{57}>S_{56}>S_{69}>S_{59}>S_{58}$$

其中 S_j 表示第 j 个特征值的得分，得分值越大，其对应的特征越重要。

将得分较高的前 6 个序列对应的特征值作为低维敏感故障训练样本特征集 $R^{60×6}$。从原始测试样本集中选择与训练样本特征集特征序列相同的特征值作为测试样本特征集 $R^{56×6}$。

3）采用训练样本特征集对基于 PSO-SVM 多分类器进行训练，由于 SVM 是二分类器，在处理多分类时，就需要构造合适的多类分类器，常见的方法有一对多和一对一两种。在此采用基于一对一方法的 SVM 多模式分类器，并采用粒子群优化算法优化 SVM 中的惩罚因子 c 和核函数参数 g，对训练样本特征集进行交叉验证，并将识别率作为 PSO 的适应度函数值。设定 PSO 算法中的局部搜索能力 c_1 为 1.5、全局搜索能力 c_2 为 1.7、种群数量为 20、迭代次数为 200。搜索到的最佳惩罚因子 c 为 0.1、核函数参数 g 为 12.1675。

4）用训练好的 PSO-SVM 多模式分类器对测试样本特征集进行分类识别。根据 PSO-SVM 多模式分类器的输出结果判断滚动轴承的工作条件和故障类型，测试样本预测结果如图 6-2 所示，图中纵坐标 1、2、3、4 分别表示正常、外圈故障、内圈故障、滚动体故障。由图 6-2 可知，所有测试样本类别都得到了正确分类，该方法对测试样本集的识别率到达 100%，这说明了方法的有效性。

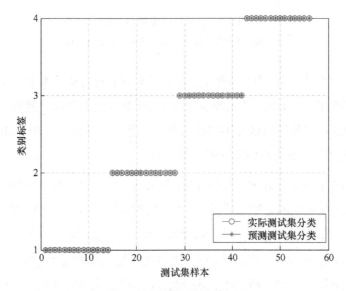

图 6-2 测试样本预测结果

为验证多尺度分析的优势，首先，采用 VMD 分别对上述 4 类状态的振动信号进行自适应尺度分解，得到 8 个不同尺度的 IMF；其次，按照算法 1 步骤 2 重构自适应粗粒化尺度；最后，对各个粗粒化尺度进行模糊熵分析，即令 $\tau = 1$，得到 8 个特征值。用 PSO-SVM 多模式分类器对测试样本特征集进行模式识别，每种状态取 15 组用于训练，其余用于测试，分类结果如图 6-3 所示。从图中可以看出，虽然分类结果达到了 100%，但是提取的特征值是 ILS 分值，序列为 S_1、S_{11}、S_{21}、S_{31}、S_{41}、S_{51}、S_{61}、S_{71} 的特征值，其分值并不是上述特征分量按重要性排序的前几个，因此没有充分挖掘出能够区分不同状态的特征信息，很难保证模型应用上的一般性，而且特征过多会造成信息冗余和降低计算性能。

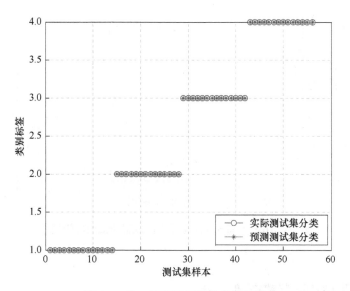

图 6-3　单一尺度特征值的分类结果

为了研究敏感特征选取个数对识别率的影响，采用 ILS 方法依照特征重要性排序后，分别选取特征最重要的前 1~10 个敏感故障特征，在其余相同参数下分别对基于 PSO-SVM 的多故障分类器进行训练和测试，故障识别率如图 6-4 所示。由图 6-4 可知，采用 ILS 方法选取的敏感特征数为 1~5 时，正确识别率都高于 94.64%，且当敏感特征数大于 5 时，识别率都能达到 100%，这说明敏感特征数过少不能够完全反映振动信号内在故障的特征信息，而敏感特征数太多则会造成信息冗余。

最后，为了说明 ILS 特征选择方法的优势，采用序列前后选择[11]算法（SFS）分别选取 1~10 个敏感故障特征，结果如图 6-4 所示。从图 6-4 中可以看出，随着敏感特征数的增加，采用 ILS 特征选择方法的诊断率都高于 SFS 特征选择方法，而且当敏感特征数大于 1 时，采用 ILS 特征选择方法的最低诊断率为 94.64%，大于 SFS 特征选择方法的最高诊断率（92.86%），这说明了 ILS 算法在挖掘特征信息方面的优势。

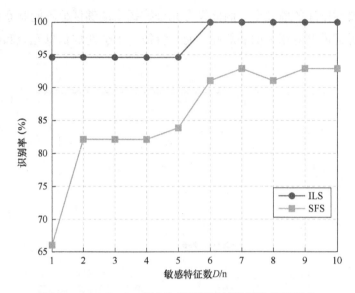

图 6-4　ILS 和 SFS 算法选择不同敏感特征数的识别率

6.3　自适应多尺度散布熵

　　散布熵计算速度快且考虑了幅值间的关系，在一定程度上解决了样本熵与排列熵的缺陷。然而，由于滚动轴承振动信号的复杂性，单一尺度的熵值很难完全反映全部的故障信息。黄（Huang）等[12]提出的 EMD 是一种自适应的信号分解方法，能够将一个复杂的多分量分解为若干个本征模态函数和一个趋势项之和，能够自适应地实现振动信号的多尺度化。基于此，本节提出基于 EMD 与 DE 的自适应多尺度散布熵（Adaptive Multiscale Dispersion Entropy，AMDE）方法。首先，采用 EMD 对原始数据进行自适应多尺度分解，得到若干 IMF 分量；其次，计算每一个 IMF 的 DE 值，得到的若干个 DE 值称为自适应多尺度散布熵值，并将其应用于滚动轴承故障特征的提取；最后，建立基于 SVM 的多故障分类器，实现滚动轴承不同位置故障的智能诊断。将提出的方法应用到滚动轴承试验数据分析，并与现有同类方法进行对比，结果表明，本节提出的方法能准确地识别滚动轴承的故障类型，而且具有一定的优越性。

6.3.1　自适应多尺度散步熵算法

由于振动信号的复杂性，单一尺度的 DE 值很难完全反映故障的全部信息，结合 EMD 的自适应分解特性，本小节提出了基于自适应多尺度散布熵的滚动轴承故障诊断方法，其计算步骤如下：

1）设有 k 类滚动轴承数据，分别分成 $N_1, N_2, \cdots, N_k$ 组样本。对每个样本进行 EMD 分解，每次分解得到若干个 IMF 分量和一个残余分量。

2）由于同种数据不同组样本经过 EMD 分解得到的 IMF 分量个数可能不同，设所有 $\sum_{i=1}^{k} N_i$ 个样本中 IMF 分量数最少的个数为 λ，则对所有样本取前 λ 个 IMF 分量，对每个样本的前 λ 个 IMF 分量求 DE 值。

3）将步骤 2 中求得的每个样本的 DE 值按顺序排列作为该样本的特征向量。

4）基于 SVM 建立多故障分类器，将上述特征向量进行训练和测试，从而实现滚动轴承故障类别的诊断。

6.3.2　仿真试验分析

采用美国凯斯西储大学轴承数据中心的滚动轴承数据验证方法的有效性。对于 4 种状态滚动轴承的试验数据，每种状态数据取 29 个样本，每个样本数据包含 4096 个采样点，滚动轴承 4 种状态振动信号时域波形如图 6-5 所示。

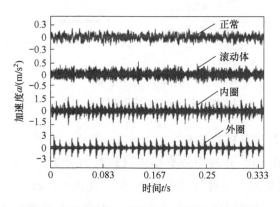

图 6-5　滚动轴承 4 种状态振动信号时域波形

首先，采用 EMD 方法对 116 组样本进行分解，得到 116 组 IMF 分量。其次，计算每个 IMF 的 DE 值。分别求 4 种状态所有样本 DE 值的均值方差，如图 6-6a 所示。从图 6-6a 中可以看出，4 种轴承状态数据的曲线区分非常明显，在大部分自适应尺度上有大小关系：$DE_{外圈} > DE_{内圈} > DE_{滚动体} > DE_{正常}$。其中正常、滚动体和内圈的大小关系固定，外圈曲线在第 1 个 IMF 分量处 DE 值最小，到第 2 个分量上升，之后下降，从第 3 个分量开始高于其他 3 条曲线。

　　基于 SVM 建立多故障分类器，识别故障的类型。从图 6-6a 可以看出，正常类别的 IMF 分量数量最少，只有 9 个。因此，对每种数据取前 9 个 IMF 分量的 DE 值按顺序排列，并作为该数据的特征向量。对每种数据取 29 组进行处理，随机选 14 组用于训练，剩下 15 组用于测试。建立训练和测试数据时，将正常、滚动体、内圈和外圈的类别分别设为标签 1、2、3、4。采用基于 SVM 的多类别分类器对提取的不同数据的特征向量进行分类识别，其中核函数选择多项式函数。

　　预测结果与正确结果对比如图 6-6b 所示，测试结果准确率为 100%。结果表明，本节提出的方法能准确地诊断出滚动轴承故障。

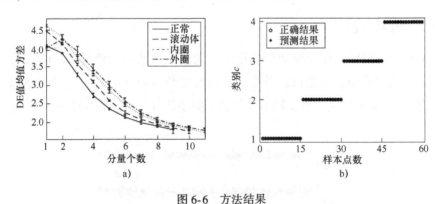

图 6-6　方法结果

a) DE 值均值方差　b) 预测结果与正确结果对比

　　为了说明多尺度分析的必要性，为不失一般性，直接计算滚动轴承原始信号每个样本的 DE 值，并利用分类器进行训练与分类。首先，将原始信号以 4096 个点为一组分割，每种信号分为 29 组。其次，对每组数据求 DE 值，结果如图 6-7a 所示。从图 6-7a 中可以看出，正常信号与外圈故障信号 DE 值较小且分离明显，没有交叉重叠，但滚动体信号与内圈故障信号 DE 值较大且有交叉的点。再次，随机选取每种数据的 20 个 DE 值作为训练数据，将正常、滚动体、内圈和外圈故障信号分别设为 1、2、3、4 输入分类器进行训练。最后，将剩下的 9 个 DE 值作为测试信号测试训练好的分类器的准确性，结果如图 6-7b 所示。从图 6-7b 可以看出，预测结果的整体准确率为 90%，其中正常信号与外圈故障信号的预测准确率达到了 100%，但是对于滚动体与内圈故障信号的预测准确率只有 80%。因此，对原始信号直接求 DE 值进行单一尺度的故障诊断方法准确率较低，这表明了进行自适应多尺度分析的必要性和优越性。

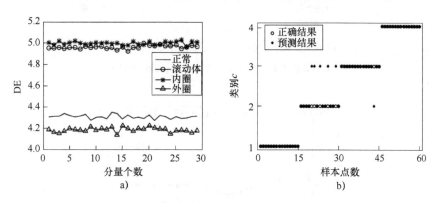

图 6-7　基于 DE 的故障诊断方法结果
a) DE 值曲线　b) 预测结果与正确结果对比

为了说明 AMDE 方法的优越性，将其与现有方法进行对比。将本小节所提方法中的 DE 替换成 PE 用于滚动轴承故障诊断。为保证对比的严谨性，选用相同的轴承数据，并对数据进行相同的划分与处理，只将方法中的 DE 替换为 PE。不同分量 PE 值均值方差如图 6-8a 所示。从图 6-8a 中可以看出，4 种数据 IMF 分量 PE 值曲线的整体趋势基本相同。分类器预测结果与正确结果对比如图 6-8b 所示。从图 6-8b 可以看出，整体识别率为 76.67%，其中正常信号和滚动体信号的识别未出现错误，而内圈与外圈故障的识别率较低，仅为 53.33%。这说明本小节提出的基于 DE 的滚动轴承故障诊断方法比基于 PE 的滚动轴承故障诊断方法的识别率更高。

为了研究特征个数对诊断效果的影响，同时将 DE 与 PE 进行对比，分别计算这两种方法在将前 1~9 个 IMF 分量的熵值作为特征向量时的识别率，结果如图 6-9 所示。

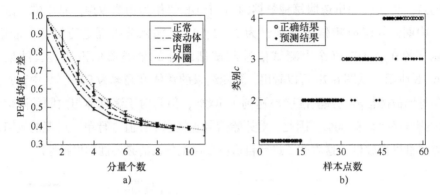

图 6-8　基于 EMD 与 PE 的故障诊断方法结果

a) PE 值均值方差　b) 预测结果与正确结果对比

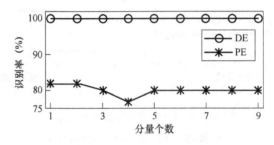

图 6-9　基于 DE 与 PE 的不同识别率

从图 6-9 可以看出，使用 DE 在 1~9 个分量个数上识别率都为 100%，而使用 PE 在相同情况下识别率最高只有 81.67%，平均识别率只有 80% 左右。因此，基于 EMD 和 DE 的 AMDE 方法故障识别率比基于 EMD 的 PE 方法的识别率更高。结果证明了本小节所提方法对滚动轴承故障诊断的有效性。

6.4　改进经验小波变换与散布熵

多尺度信号分析除了粗粒化方法，还可以采用信号分解进行自适应多尺度化，本节研究基于改进经验小波变换[13]（Empirical Wavelet Transform，EWT）的多尺度散布熵及其在滚动轴承故障诊断中的应用，同时将此方法对比了基于 EMD 分解的多尺度分析方法。

分别利用 EMD 和改进 EWT 对滚动轴承振动信号进行分解，将使用两种方法分解的分量都按高频到低频的顺序排列，然后计算每个分量的 DE 值作为原信号多尺度 DE 值。需要注意的是，由于 EMD 是一种完全由数据驱动的自适应信号分解方法，其多尺度分析的尺度不能超过分解出的 IMF 个数。改进 EWT 方法是一种基于傅里叶谱分割的方法，从理论上来说可以进行任意常规尺度的分析。在本节的分析中，为与基于 EMD 分解的多尺度分析保持一致，将 EMD 分解各个信号 IMF 分量的最小个数作为 EWT 分解的分割频带数。综上，基于 EMD 和基于改进 EWT 的滚动轴承振动信号多尺度特征提取及故障诊断步骤如下：

1）设有 k 类滚动轴承数据，分别分成 $N_1, N_2, \cdots, N_k$ 组样本，从每组样本中随机划分出 n 个训练样本，其余 m 个作为测试样本；对每个样本进行 EMD 分解，每次分解得到若干个 IMF 分量。

2）由于不同样本经过 EMD 分解得到的 IMF 分量个数可能不同，设所有训练样本中 IMF 分量数最少的个数为 λ，则对所有样本取前 λ 个 IMF 分量，对每个样本的前 λ 个 IMF 分量求 DE 值，将这 λ 个 DE 值按顺序排列作为该样本的特征向量，记作 $\mathrm{MDE_{emd}}(i, \tau)$，$i = 1, 2, \cdots, n$，$\tau = 1, 2 \cdots, \lambda$。

3）设置分割频带数为 λ，对步骤 1 的每个样本进行改进 EWT 分解，每个样本都被分解为 λ 个模态。

4）计算每个样本的 λ 个模态的 DE 值，将其按高频到低频的顺序排列，并作为该样本的特征向量，记作 $\mathrm{MDE_{ewt}}(i, \tau)$，$i = 1, 2, \cdots, n$，$\tau = 1, 2, \cdots, \lambda$。

5）利用 MCFS 从训练样本特征值中选取 4 个特征值作为分类器训练样本，再从测试样本中选取相同位置的 4 个特征值作为分类器测试样本。

6）利用训练样本对基于 SVM 的多类别分类器进行训练，再使用完成训练的分类器对测试样本进行测试，根据预测结果判断滚动轴承状态类型。

使用美国凯斯西储大学轴承数据中心的滚动轴承数据对所提方法有效性进行验证。正常信号和不同故障程度的故障信号共 7 种，每种类别取 29 个样本，共 203 个样本，样本长度为 4096 个采样点。正常及故障轴承振动信号时域波形如图 6-10 所示。

从每类信号的 29 个样本中随机选取 15 个样本作为训练样本，其余 14 个样本作为测试样本。对正常及故障信号的训练样本进行 EMD 分解，结果显示分量最少有 9 个，取所有样本的前 9 个 IMF 分量计算 DE，组成各样本基于 EMD

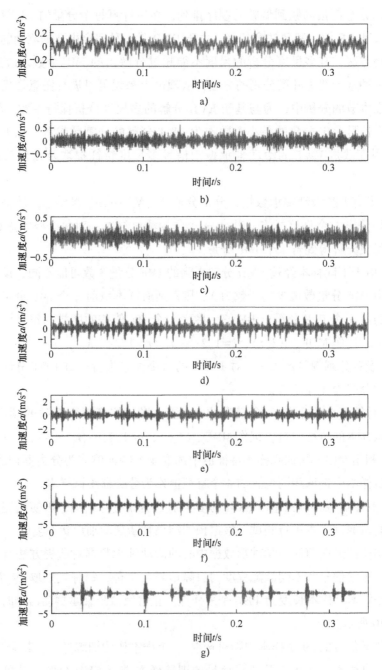

图 6-10 正常及故障轴承振动信号时域波形

a) 正常 b) 滚动体 1 c) 滚动体 2 d) 内圈 1 e) 内圈 2 f) 外圈 1 g) 外圈 2

分解的 MDE 特征向量。如图 6-11 所示为正常信号经过 EMD 分解后的前 9 个 IMF 分量，如图 6-12 所示为 0.1778mm 损伤直径的滚动体振动信号经过 EMD 分解后的前 9 个 IMF 分量。接下来对所有样本使用改进 EWT 方法进行分解，分割频带数设为 9，如图 6-13 和图 6-14 所示为正常信号和 0.1778mm 损伤直径的滚动体振动信号的改进 EWT 分解结果。从分解结果来看，不管是正常信号还是所选的故障信号，EMD 分解的 IMF 分量的幅值及结构复杂性都随着分解次数的增加逐步降低，而对于使用改进 EWT 分解出的从高频到低频的分量，虽然其中包含的频率成分也是由高到低，但是其幅值并没有出现和 IMF 的幅值一样持续降低的现象，说明改进 EWT 分解得到的各个分量都包含了较强的故障信息。

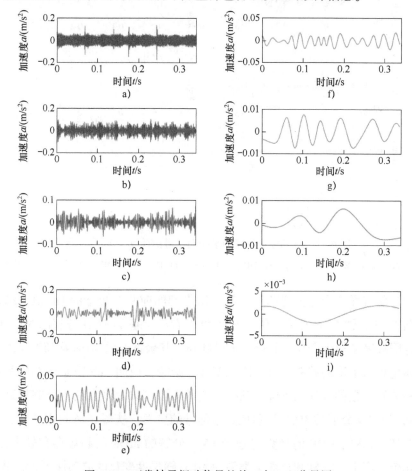

图 6-11　正常轴承振动信号的前 9 个 IMF 分量图

a) IMF_1　b) IMF_2　c) IMF_3　d) IMF_4　e) IMF_5　f) IMF_6　g) IMF_7　h) IMF_8　i) IMF_9

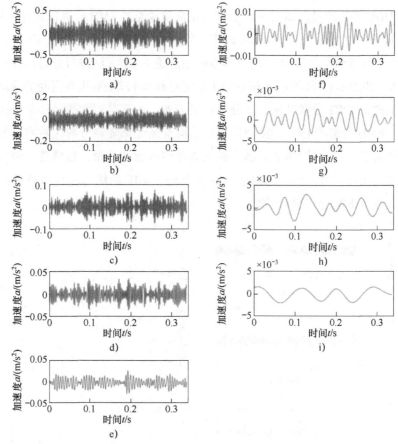

图 6-12 滚动体 1 故障轴承振动信号的前 9 个 IMF 分量

a) IMF_1 b) IMF_2 c) IMF_3 d) IMF_4 e) IMF_5 f) IMF_6 g) IMF_7 h) IMF_8 i) IMF_9

  计算所有样本通过上述两种分解方法得到的前 9 个分量的 DE 值，结果分别如图 6-15 和图 6-16 所示。从图 6-15 可以看出，基于 EMD 分解的 MDE 除了两种外圈故障从第 1 个尺度到第 2 个尺度外，其余情况的 MDE 都随着尺度的增加整体呈现出下降的趋势，且下降速度逐步减缓，说明 IMF 分量的结构复杂度整体随分解次数的增加而下降。从标准差的角度可以发现，两种外圈故障中提取的基于 EMD 分解的 MDE 误差比其他信号的更大。从图 6-16 可以看出，基于改进 EWT 分解的 MDE 的趋势与基于 EMD 分解的 MDE 的趋势存在较大差异，在前几个尺度上，正常和外圈 2 类型的 MDE 随尺度变化的波动性更大，从第 6 个尺度开始，几种信号的 MDE 都呈现出下降的趋势，且下降速度逐步增大，

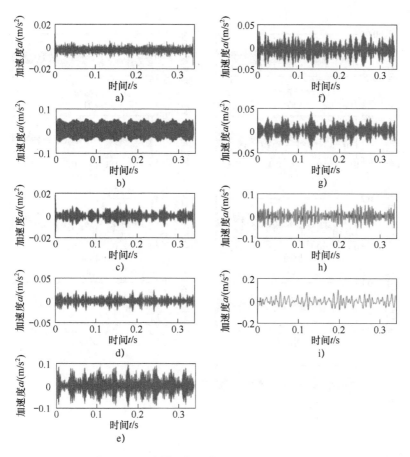

图 6-13　正常轴承振动信号的 EWT 分解结果

a) Mode$_1$　b) Mode$_2$　c) Mode$_3$　d) Mode$_4$　e) Mode$_5$　f) Mode$_6$　g) Mode$_7$　h) Mode$_8$　i) Mode$_9$

这说明改进 EWT 方法分解的前几个高频带分量的复杂性并非随着尺度的增加而降低，而低频带分量的复杂性随着尺度的增大而降低。对比图 6-15 和图 6-16 发现，基于 EMD 分解的 MDE 曲线形式较为单一，且部分信号的 MDE 曲线存在一定程度的重叠。而基于改进 EWT 分解的 MDE 曲线之间分离度较高，出现两条曲线重叠的现象很少，这说明其对各种信号的区分度更高。且相对于基于 EMD 的 MDE，基于改进 EWT 的 MDE 只在外圈 2 这一信号的处理上误差相对较大，说明该方法的稳定性更高。因此，从区分度和特征提取的稳定性来看，基于改进 EWT 的 MDE 轴承特征提取方法比基于 EMD 的 MDE 轴承特征提取方法效果更好。

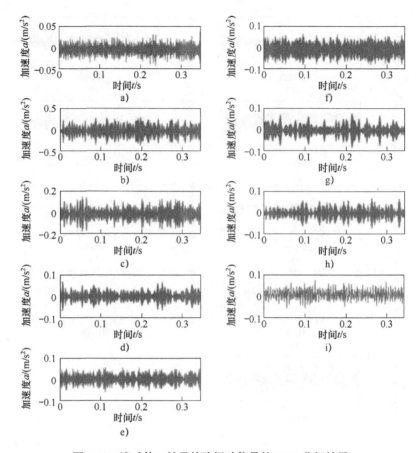

图 6-14　滚动体 1 轴承故障振动信号的 EWT 分解结果

a) Mode$_1$　b) Mode$_2$　c) Mode$_3$　d) Mode$_4$　e) Mode$_5$　f) Mode$_6$　g) Mode$_7$　h) Mode$_8$　i) Mode$_9$

　　接下来，利用 MCFS 从训练样本特征值中选取 4 个特征值作为分类器训练样本，利用测试样本相同位置的 4 个特征值创建分类器测试样本。使用分类器训练样本对基于 SVM 的分类器进行训练，再使用完成训练的分类器对分类器测试样本进行预测，基于改进 EWT 和基于 EMD 的 MDE 故障诊断方法预测结果分别如图 6-17 和图 6-18 所示。从图 6-17 可以看出，基于改进 EWT 的 MDE 故障诊断方法未出现分类错误的情况。而从图 6-18 可以看出，基于 EMD 的 MDE 故障诊断方法在对 98 个测试样本的预测中出现 5 次预测错误，识别率为 94.90%，且这 5 个错误都发生在滚动体 1 和内圈 2 两种故障中，说明基于 EMD 的 MDE 故障诊断方法对这两种信号的识别程度不高。

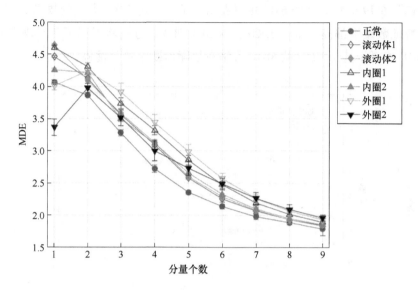

图 6-15　基于 EMD 分解的 MDE 均值标准差

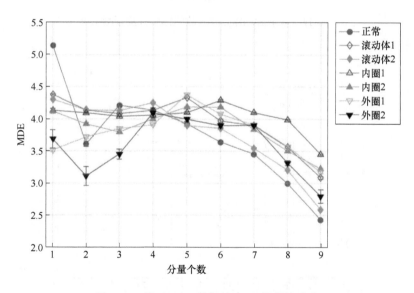

图 6-16　基于 EWT 分解的 MDE 均值标准差

最后，比较不同特征值个数对两种方法故障识别率的影响，使用 MCFS 分别从训练样本特征向量中选取第 2~9 个特征值形成新特征向量用于故障分析，结果如图 6-19 所示。从图 6-19 可以看出，基于改进 EWT 方法的故障识别率在各个特征数量下都高于基于 EMD 方法的识别率，进一步说明了基于改进 EWT 的 MDE 相对于基于 EMD 的 MDE 方法在故障诊断中更具优势。

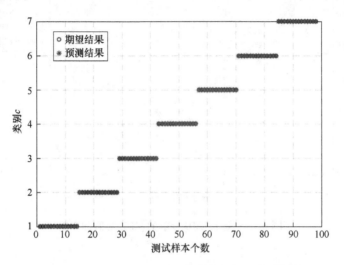

图 6-17　基于 EWT 的 MDE 故障诊断方法预测结果

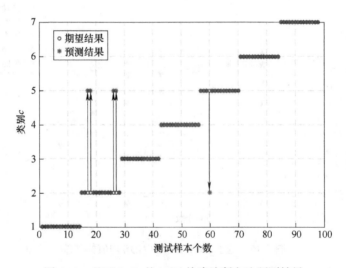

图 6-18　基于 EMD 的 MDE 故障诊断方法预测结果

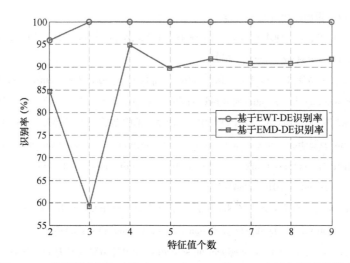

图 6-19　不同特征个数对基于 EWT 与 EMD 的 MDE 方法识别率的影响

参考文献

［1］ COSTA M, GOLDBERGER A L, PENG C K. Multiscale entropy analysis of complex physiologic time series. ［J］. Physical review letters, 2002, 89 (6)：705-708.

［2］ COSTA M, GOLDBERGER A L, PENG C K. Multiscale entropy analysis：a new measure of complexity loss in heart failure ［J］. Journal of electrocardiology, 2003, 36：39-40.

［3］ LEE K Y, WANG C C, LIN S G, et al. Time series analysis using composite multiscale entropy ［J］. Entropy, 2013, 15 (3)：1069-1084.

［4］ WU S D, WU C W, LIN S G, et al. Time series analysis using composite multiscale entropy ［J］. Entropy, 2013, 15 (3)：1069-1084.

［5］ 郑近德, 潘海洋, 程军圣, 等. 基于复合多尺度模糊熵的滚动轴承故障诊断方法 ［J］. 振动与冲击, 2016, 35 (8)：116-123.

［6］ DRAGOMIRETSKIY K, ZOSSO D. Variational mode decomposition. ［J］. IEEE transactions on signal processing, 2014, 62 (3)：531-544.

［7］ 姜战伟, 郑近德, 潘海洋, 等. POVMD 与包络阶次谱的变工况滚动轴承故障诊断 ［J］. 振动. 测试与诊断, 2017, 37 (3)：609-616+636.

［8］ GARCÍA-NIETO P J, GARCÍA-GONZALO E, VILÁN J A V. A new predictive model based on the PSO-optimized support vector machine approach for predicting the milling tool wear from milling runs experimental data ［J］. The international journal of advanced manufacturing technology, 2016, 86 (1): 1-12.

[9] HE X, CAI D, NIYOGI P. Laplacian score for feature selection [M]//Advances in neural information processing systems, 2005.

[10] ZHU L, MIAO L, ZHANG D. Iterative Laplacian score for feature selection [J]. Communications in computer and information science, 2012, 1 (321): 80-87.

[11] MARCANO-CEDENO A, QUINTANILLA-DOMINGUEZ J, CORTINE-JANUCHS M G, et al. Feature selection using sequential forward selection and classification applying artificial metaplasticity neural network [C]. Proceedings of 36th annual conference on IEEE industrial electronics society, 2010: 2845-2850.

[12] HUANG N E, SHEN Z, LONG S R, et al. The empirical mode decomposition and the Hilbert spectrum for nonlinear and non-stationary time series analysis [J]. Proceedings: mathematical, physical and engineering sciences, 1998, 454 (1971): 903-995.

[13] GILLES J. Empirical wavelet transform [J]. IEEE transactions on signal processing, 2013, 61 (16): 3999-4010.

第 7 章
其他复杂性理论与方法

前面几章重点介绍了机械故障诊断领域常用的复杂性理论与方法，如样本熵、模糊熵、排列熵、散布熵等内容以及相应的多尺度形式。本章重点介绍在时间序列分析或故障诊断领域"崭露头角"的其他复杂性理论方法，如余弦相似熵（Cosine Similarity Entropy，CSE）、微分符号熵（Differential Symbolic Entropy，DSE）、时不可逆（Time Irreversibility，TI）、动力学符号熵（Dynamical Symbol Entropy，DSE）、增量熵（Increment Entropy，IncrEn）、时频熵（Time Frequency Entropy，TFE）、反向散步熵（Reverse Dispersion Entropy，RDE）等。

7.1 余弦相似熵

目前，量化非线性时间序列的方法，如样本熵（SE）和模糊熵（FE）已被相关学者应用于旋转机械的状态监测和故障诊断中。文献［1］基于多尺度样本熵构建了多尺度样本熵偏均值，并将应用于轴承疲劳试验中，能够有效地跟踪故障发展趋势。但 SE 仍存在如下缺点：①对数据中不稳定的噪音敏感[2]，在 SE 算法中，相似性检查取决于幅度的切比雪夫距离，如果时间序列中存在高峰值或高幅度就会直接影响熵估计[3]，而实际数据中往往都会存在不稳定噪声；②无约束的熵值，SE 的估计基于自然对数，该自然对数计算相似模式的概率范围是不可控的[4]；③未定义的熵值，当数据长度超过 10^m 时，SE 是有效的[5]，其中 m 表示嵌入维数，然而，随着数据长度减小，SE 可能产生不确定的熵值，因为在重构的 m 和 $m+1$ 维相空间中存在很少的相似模式[5]。为此，文献［6］将多频率尺度模糊熵与极限学习机（Extreme Learning Machine, ELM）结合实现滚动轴承剩余寿命预测，并取得了良好的效果。

针对上述问题，本节在 SE 的基础上，采用角距离代替 SE 中切比雪夫距离，并用香农熵代替条件熵，进而发展了余弦相似熵（Cosine Similarity Entropy, CSE）[2]。与 SE 相比，CSE 不受幅值的影响，对数据尖峰值和小样本更具鲁棒性。本节给出了 CSE 算法，并研究相似容限、嵌入维数和样本长度分别对 SE、FE、CSE 的影响。同时，将 CSE 与 SE 和 FE 进行了对比，结果表明 CSE 的熵值能够监测噪声时间序列的动态特性，且表现比 SE 和 FE 更稳定。最后，将 CSE 用于表征滚动轴承的退化评估，分析结果表明，CSE 能够取得较好的评估效果。

7.1.1 余弦相似熵算法

对于时间序列 $\{x_i\}_{i=1}^{N}$，给定嵌入维数 m、相似容限 r_{CSE} 和延迟时间 d，CSE 具体算法如下：

1）移除偏移量，生成零中值序列 $\{g_i\}_{i=1}^{N}$，即

$$g_i = x_i - \text{medium}(\{x_i\}_{i=1}^{N}) \tag{7-1}$$

2）从 $\{g_i\}_{i=1}^{N}$ 中构造嵌入向量 $x_i^{(m)}$，即

$$x_i^{(m)} = \left[g_i, g_{i+\tau}, \cdots, g_{i+(m-1)\tau}\right] \tag{7-2}$$

3）计算所有成对嵌入向量的角距离为

$$\text{AngDis}_{i,j}^{(m)} = \frac{1}{\pi}\cos^{-1}\left(\frac{x_i^{(m)} x_j^{(m)}}{|x_i^{(m)}||x_j^{(m)}|}\right) \qquad i \neq j \tag{7-3}$$

4）当满足 $\text{AngDis}_{i,j}^{(m)} \leq r_{\text{CSE}}$ 时，得到相似模式数量 $P_i^{(m)}(r_{\text{CSE}})$，计算相似模式出现的局部概率 $B_i^{(m)}(r_{\text{CSE}})$，即

$$B_i^{(m)}(r_{\text{CSE}}) = \frac{1}{N-n-1}P_i^{(m)}(r_{\text{CSE}}) \tag{7-4}$$

5）计算相似模式出现的全局概率 $B^{(m)}(r_{\text{CSE}})$，即

$$B^{(m)}(r_{\text{CSE}}) = \frac{1}{N-n}\sum_{i=1}^{N-m}B_i^{(m)}(r_{\text{CSE}}) \tag{7-5}$$

6) 依据香农熵的形式定义余弦相似熵

$$\text{CSE}(m,\tau,r_{\text{CSE}},N) = - \begin{bmatrix} B^{(m)}(r_{\text{CSE}})\log_2 B^{(m)}(r_{\text{CSE}}) + \\ [1 - B^{(m)}(r_{\text{CSE}})]\log_2 [1 - B^{(m)}(r_{\text{CSE}})] \end{bmatrix} \quad (7\text{-}6)$$

由于使用香农熵估计 CSE，故熵值范围为 $(0,1)$。当 CSE 接近 1 时，认为时间序列在结构上复杂。当 CSE 接近 0 时，则认为时间序列在结构上较为简单。

7.1.2　CSE 参数选取及影响

相似容限、嵌入维数和样本长度都是影响熵值的重要参数。本小节使用仿真信号研究不同参数对 CSE 计算的影响，并给出合理参数范围。

1. 相似容限 r_{CSE}

为了研究相似容限 r_{CSE} 对 CSE 的影响，考虑以下 4 种合成信号[5]：高斯白噪声 WGN，$1/f$ 噪声，由 $x(t)=0.9x(t-1)+\varepsilon(t)$ 生成一阶自回归模型 AR(1)，由 $x(t)=0.85x(t-1)+0.1x(t-2)+\varepsilon(t)$ 生成二阶自回归模型 AR(2)，其中 $\varepsilon(t)\sim N(0,1)$。自回归模型是常用的平稳序列拟合模型，其系统随着时间的增加逐渐稳定。虽然 WGN 比 $1/f$ 噪声的不规则程度高，但 $1/f$ 噪声比 WGN 结构复杂。

由于角距离的边界值范围是 0 到 1，故试验采用的 r_{CSE} 值从 0.01 增加到 0.99、步长为 0.02、嵌入维数 $m=2$、延迟时间 $d=1$、样本长度 $N=2048$。通过 30 次独立试验获得 CSE 均值随 r_{CSE} 变化情况，结果如图 7-1 所示。由图 7-1 可知，在 $r_{\text{CSE}}=0.01\sim0.49$ 范围内，4 种信号的 CSE 随着 r_{CSE} 增大而增大，而在 $r_{\text{CSE}}=0.51\sim0.99$ 范围内，CSE 则随着 r_{CSE} 增大而减小。比较不同相似容限下的 CSE 熵值，发现在 $r_{\text{CSE}}=0.05\sim0.2$ 之间能够区分 4 种信号。虽然 r_{CSE} 的范围也在 0.5~1 之间，但本小节考虑较低区域，因为相似容限越小，相似性越大[5]，因此，本小节选择 $r_{\text{CSE}}=0.07$。

2. 嵌入维数 m

嵌入维数是影响熵值结果的重要参数之一，选择不同的维数 $m=[1,2,\cdots,10]$、延迟时间 $d=1$、相似容限 $r_{\text{SE}}=r_{\text{FE}}=0.15$、$r_{\text{CSE}}=0.07$、$n=2$、样本长度 $N=4096$，通过 30 次独立试验分别观察嵌入维数对 SE、FE 和 CSE 均值熵的影

响，结果如图 7-2 所示。图 7-2a 显示了 SE 的结果，对于每个合成信号的熵值在不同 m 上表现基本一致。但是，SE 产生了未定义的熵值，其中 WGN 的 $m=[1,2,3]$、$1/f$ 噪声的 $m=[1,2,3,4]$、AR(1) 和 AR(2) 的 $m=[1,2,3,4,5]$ 上产生有效熵值，其他维数没有产生有效熵值。图 7-2b 是 FE 计算结果，在所有维数上均产生了有效熵值，所有合成信号的熵值随着 $m(2\sim10)$ 的增加而缓慢下降，且在 $m=2$ 时熵值达到最大。图 7-2c 表明 CSE 在 $m=[2,3,\cdots,10]$ 均产生了有效的熵值，且熵值随着 m 的增加而减小，这表明随着 m 的增加，重构嵌入向量轨迹越来越趋于确定，结构复杂程度越来越低[5]。$m=1$ 时，CSE 没有值，由于至少包含两个元素的向量角距离才有效，因此，$m=2$ 是用于计算 CSE 的最小嵌入维数。由于嵌入维数 m 越大，CSE 值越接近于 0，因此一般使用较小的嵌入维数，本小节取 $m=2$。

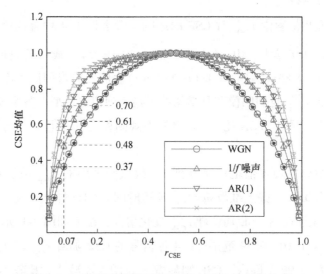

图 7-1　不同相似容限下 30 次独立试验的 CSE 均值

3. 样本长度 N

样本长度同样是影响熵值的重要因素。本小节选择样本长度 N 从 10 增加到 2000，步长为 10，选择 $m=2$、延迟时间 $d=1$、相似容限 $r_{SE}=r_{FE}=0.15$、$r_{CSE}=0.07$、$n=2$，通过 30 次独立试验分别观察不同样本长度的 SE、FE 和 CSE 均值熵，结果如图 7-3 所示。图 7-3a 是 SE 的结果，其中 WGN 和 $1/f$ 噪声的熵值在 $N\geqslant100$ 时有效，当 $N\geqslant500$ 时 4 种信号的 SE 均值达到分离且逐渐趋于稳定。图 7-3b 显示了 FE 的结果，所有合成信号在整个样本长度范围内均产生了有效的熵值，当 $N \geqslant 600$ 时 4 种合成信号的 CSE 均值达到分离且逐渐趋于稳定。如图 7-3c 所示，CSE 从样本长度 $N = 20$ 开始产生有效熵值，当 $N \geqslant 600$ 时 4 种合成信号的 CSE 均值达到分离且逐渐趋于稳定，因此 CSE 可以在小样本长度的情况下产生有效熵值，为了保证熵值的稳定性，本小节选择 $N \geqslant 1000$。

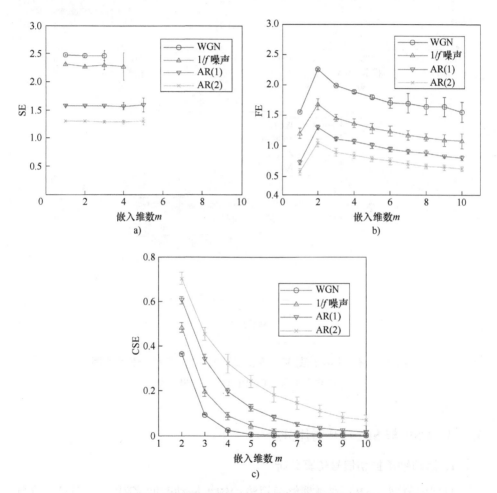

图 7-2　不同嵌入维数下 30 次独立试验的均值熵

a) SE 均值熵　b) FE 均值熵　c) CSE 均值熵

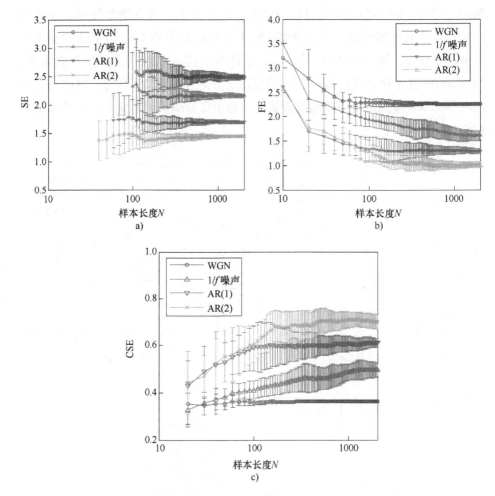

图 7-3　不同样本长度 30 次独立试验的 SE、FE 和 CSE 均值熵

a) SE 均值熵　b) FE 均值熵　c) CSE 均值熵

7.1.3　CSE 与 SE、FE 对比分析

1. 滚动轴承振动信号仿真分析

自回归模型（AR）函数能够模拟滚动轴承振动时间序列[7]，创建一阶自回归模型 AR(1)：$x(t) = \alpha_i x(t-1) + \varepsilon(t)$，其中 $\varepsilon(t) \sim N(0, 1)$，$\alpha_i$ 在 $-0.9 \sim +0.9$ 之间线性变化，采样频率为 150Hz，采样时长为 100s，采用 6.667s 的滑动窗口，按 80% 的重叠区域沿着时间序列移动取样。在嵌入维数 $m=2$、延迟时

间 $d=1$、相似容限 $r_{SE}=r_{FE}=0.15$、$r_{CSE}=0.07$、$n=2$ 的条件下，分别计算 AR (1) 的 SE、FE 和 CSE 值，结果如图 7-4 所示。由图 7-4 可知，只有 CSE 和 FE 的熵值能够反映信号在不同位置的变化，但 CSE 产生的结果更稳定。

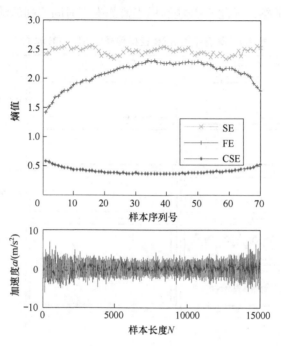

图 7-4　自回归模型的 SE、FE 和 CSE 值

2. 滚动轴承模拟故障试验分析

为了定量表征仪器的健康及其退化状态，本小节采用文献［8］所述测试信号 $s(t)$ 模拟滚动轴承的运行状态，即

$$\begin{cases} x(t) = 0.016\sin(2\pi10t) + 0.112\sin(2\pi20t) + \\ \qquad 0.325\sin(2\pi41t) + 0.029\sin(2\pi82t) \\ s(t) = x(t) + e(t) \end{cases} \tag{7-7}$$

式中，$x(t)$ 是仿真原始轴承时间序列的 4 个频率分量的叠加；$e(t)$ 是噪声。

分别计算 7 个不同信噪比（Signal Noise Ratio，SNR）模拟信号的 SE、FE 和 CSE，结果见表 7-1。信噪比 SNR 的降低表明噪声越来越大，这类似于仪器系统的劣化[8]。在表 7-1 中的"频谱图"中可看出，噪声信号被添加到测试信号中，随着 SNR 的降低，对应信号中包含的频率分量增加。通过模拟仪器健康

机械故障诊断的复杂性理论与方法

状态的恶化，CSE 与 SE、FE 都能定量表征动态信号的退化，随着 SNR 增大，3 种熵值基本不变，这表明它们对噪声不敏感。但是，在 SNR = 25dB 时，SE 和 FE 的值明显变化，CSE 则在 SNR = 15dB 时熵值明显变化，说明 CSE 比 SE 和 FE 对噪声更不敏感，因此 CSE 能够用来监测噪声时间序列的动态变化。

表 7-1　具有不同 SNR 模拟信号的 SE、FE 和 CSE

SNR	波　形　图	频　谱　图	SE	FE	CSE
100dB			0.0563	0.1430	0.9789
50dB			0.0570	0.1602	0.9788
25dB			0.2251	0.8654	0.8105
15dB			0.9514	1.7236	0.4581
10dB			1.4520	2.0138	0.3911
5dB			1.9706	2.1812	0.3710
0dB			2.4840	2.2201	0.3671
WGN			2.5262	2.2358	0.3666

7.2　微分符号熵

基于模式匹配的非线性动力学熵[9-11]算法，一般包括符号变换和概率统计两个步骤。由于这类算法对数据结构的要求较低，因此在生理信号分析中有着广泛的应用。符号变换的基本思想是对原始序列进行符号映射，得到符号序列，其中元素是有限个数量的符号。符号变换分为全局静态方法和局部动态方法。全局静态方法根据整个时间序列的参数确定不同的序列区间，接着对不同

156

的序列区间进行符号化。局部动态方法则利用局部相邻元素的关系进行符号变换。这两种类型的符号变换可针对不同类型的非线性信息，在复杂度检测中具有良好的应用效果。局部动态方法具有高实时性，并且对极端噪声尖峰相对不敏感[12]。

微分符号熵是非线性动力学复杂性的一种度量[13]，属于局部动态方法，本质是利用相邻 3 个元素之间的局部非线性动力学信息提取非线性复杂度。另外，微分符号熵对数据长度要求不高，能在较短的数据集上提取非线性复杂度，是表征非线性动态复杂度的有效参数。

7.2.1 微分符号熵算法

1）符号化：通过比较相邻元素之间的关系来进行符号变换。假设给定的时间序列 $x = \{x_1, x_2, \cdots, x_N\}$，通过符号变换，将输入序列转换成符号序列，具体过程见式（7-8）

$$Z_i(x_i) = \begin{cases} 1 & \Delta x > \alpha\sigma_\Delta \\ 2 & \Delta x > 0 \text{ 和 } \Delta x \leqslant \alpha\sigma_\Delta \\ 3 & \Delta x > -\alpha\sigma_\Delta \text{ 和 } \Delta x \leqslant 0 \\ 4 & \Delta x \leqslant -\alpha\sigma_\Delta \end{cases} \quad (7\text{-}8)$$

式中，$\Delta x = x_{i+1} - x_i$；σ_Δ 是相邻元素的方差；α 是可变的控制参数。

2）相空间重构：利用式（7-9）计算每个嵌入向量 z_i^m

$$z_i^m = \{z_i, z_{i+d}, \cdots, z_{i+(m-1)d}\} \qquad i = 1, 2, \cdots, N - (m-1)\tau \quad (7\text{-}9)$$

式中，d 是给定的延迟时间；m 是重构嵌入维数；N 是输入序列长度。

3）计算微分模式：如果 $z_i = v_0, z_{i+d} = v_1, \cdots, z_{i+(m-1)d} = v_{m-1}$，则时间序列 z_i^m 被映射到微分模式 $\pi_{v_0 v_1 \cdots v_{m-1}}$（$v = 1, 2, \cdots, c$），因为微分模式一共由 m 个数字组成，每个数字有 4 种取法，所以一共有 4^m 组合。

4）计算微分模式概率：对于 c^m 种可能的微分模式 $\pi_{v_0 v_1 \cdots v_{m-1}}$（$v = 1, 2, \cdots, c$）概率计算见式（7-10）

$$p(\pi_{v_0 v_1 \cdots v_{m-1}}) = \frac{\text{Number}\{j \mid j \leqslant N - (m-1)d, \; z_j^m \text{ 对应 } \pi_{v_0 v_1 \cdots v_{m-1}}\}}{N - (m-1)d} \quad (7\text{-}10)$$

5）根据香农熵的定义，计算信号 x 的 DSE

$$\mathrm{DSE}(x,m,c,d) = - \sum p(\pi_{v_0 v_1 \cdots v_{m-1}}) \ln \left[p(\pi_{v_0 v_1 \cdots v_{m-1}}) \right] \tag{7-11}$$

7.2.2 DSE 参数选取及影响

DSE 的参数主要有延迟时间 d、嵌入维数 m、控制参数 α，为了研究 3 种参数对 DSE 的性能影响，本小节通过仿真信号进行分析，确定出合理的参数取值范围。

1. 延迟时间 d 的影响

时间延迟 d 的取值范围与重构信号分量间的相关性有关，d 取较小值会压缩重构后的相空间信号，反之则会使相空间弥散。目前，互信息法和自相关函数法[14-15]是常用的选择方法。自相关函数法从理论上说是一种衡量变量之间线性相关程度的方法，自相关函数法常应用于非线性信号相空间重构的参数选择，本书将适合于非线性问题的互信息法作为选择最佳延迟时间的方法。互信息法通过选择描述时间序列的连续点之间的一般相关性互信息函数对应的时间作为时间延迟，具体方法如下：

假设有时间序列 $X = \{x(i)\}(i = 1,2,\cdots,N)$，经延迟时间后序列变为 $Y = \{x(i+\tau)\}$，两者的概率密度函数分别为 $p(x)$ 和 $p(y)$，则数据序列 X、Y 的香农熵定义为

$$H(X) = - \sum_{x \in X} p(x) \ln p(x)$$

$$H(Y) = - \sum_{y \in Y} p(y) \ln p(y) \tag{7-12}$$

式中，$p(x,y)$ 表示两序列 X、Y 的联合概率密度函数，则两序列的联合熵为

$$H(X,Y) = - \sum_{x \in X} \sum_{y \in Y} p(x,y) \ln p(x,y) \tag{7-13}$$

X、Y 的互信息熵可以通过两者各自的香农熵和联合熵计算为

$$\begin{aligned} I(X,Y) &= - H(X,Y) + H(X) + H(Y) \\ &= \sum_{x \in X} \sum_{y \in Y} p(x,y) \log p(x,y) - \sum_{x \in X} p(x) \log p(x) - \\ &\quad \sum_{y \in Y} p(y) \log p(y) \end{aligned} \tag{7-14}$$

互信息熵 $I(X,Y)$ 表示两组信号的相关程度，熵值越大则代表两组序列相

关性越高，反之两组序列相关性越低。当 d 在某个延迟时间下，延迟序列与原序列的互信息熵最小，即相关度最小，则该值为最佳延迟时间 d。通过式（7-15）可以计算一个原始时间序列和在不同延迟时间下的延迟时间序列间的互信息熵。根据互信息准则，将延迟时间按从小到大的顺序排列，当互信息熵首次出现局部极小值时，即作为最佳延迟时间。

随后，通过仿真信号验证互信息法选取最佳延迟时间的过程。洛伦兹（Lorenz）是一种典型的非线性系统，此处采用 Lorenz 系统三种分量信号对互信息法进行验证[16]。Lorenz 方程如式（7-15）所示为

$$\begin{cases} \dot{x} = a(y - x) \\ \dot{y} = bx - y - xz \\ \dot{z} = xy - cz \end{cases} \tag{7-15}$$

式中，$a = 16$，$b = 45.92$，$c = 4$；（x、y、z）3 种分量的初始值为（$-1, 0, 1$）。采样步长设置为 0.01，通过四阶龙格-库塔（Runge-Kutta）方法计算式（7-15）。同时，为了模拟实际情况当中的噪声干扰，对 x、y 和 z 这 3 种信号分别加入信噪比为 20dB、15dB 和 10dB 的高斯白噪声，加入高斯白噪声前后的待测序列时域波形如图 7-5（截取 3000 点）所示。

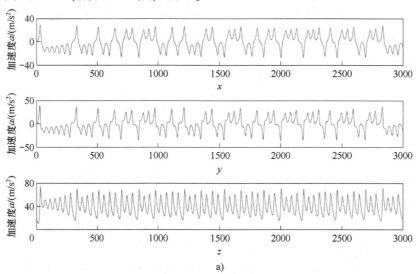

图 7-5　加入高斯白噪声前后待测序列时域波形

a）3 种分量原始幅值图

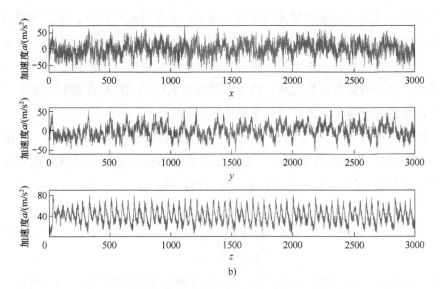

图 7-5　加入高斯白噪声前后待测序列时域波形（续）

b）3 种分量加噪幅值图

　　进一步，选取 x 分量作为待测序列，使用互信息法求取不同延迟时间下待测序列 x 与延迟时间序列的互信息熵，结果如图 7-6 所示。从图 7-6 中看出，在 $d=2$、$d=3$、$d=4$ 时，对应的互信息熵值分别为 1.727、1.697 和 1.708，因此第一个局部极小值出现在 $d=3$ 处。根据互信息准则，确定 $d=3$ 为该信号的最佳延迟时间。

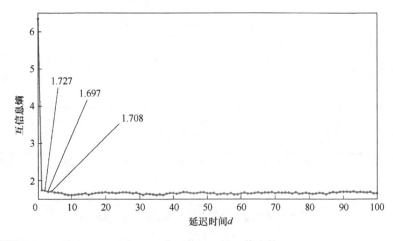

图 7-6　待测信号 x 的互信息熵

2. 嵌入维数 m 的影响

嵌入维数 m 同样是影响相空间重构的重要参数，如果选择过大的 m，则可能检测不到振动信号中的微小变化，但是选择过小的 m，又检测不到振动信号中的动态变化。塔肯斯（Takens）[17] 嵌入定理给出了选择 m 的充分条件：$m \geqslant 2d+1$（d 属于吸引子维数）。但该方法只能针对不含噪声且长度无限的理想序列，在实际情况中，采集到的时间序列一般都包含强烈的背景噪声，而噪声和误差都会对重构造成极大的影响，此处采用伪邻近点法[18]（False Nearest Neighbors，FNN）选择合适的嵌入维数。FNN 的计算步骤如下：

1）假设时间序列为 $\{x_t\}$，$t=1,2,\cdots,N$，经过相空间变换后，向量构成 m 维相空间。

$$X_n = (x_i, x_{i-\tau}, x_{i-2\tau}, \cdots, x_{i-(m-1)\tau}) \qquad i = 1,2,3,\cdots,N-(m-1)\tau \quad (7\text{-}16)$$

2）计算两个相点之间的距离为

$$\| X_i - X_j \| = \sqrt{\sum_{d=0}^{m-1} (x_{i-d\tau} - x_{j-dt})^2} \qquad (7\text{-}17)$$

3）在 m 维嵌入空间中，X 的最近邻近点为 X_j，则距离为

$$\| X_i - X_j \|^m = \min \| X_i - X_j \| = \sqrt{\sum_{d=0}^{m-1} (x_{i-d\tau} - x_{j-d\tau})^2} \qquad (7\text{-}18)$$

4）当嵌入维数从 m 到 $m+1$ 时，计算 $m+1$ 维相空间中的伪邻近点距离

$$\| X_i - X_j \|^{m+1} = \min \| X_i - X_j \| = \sqrt{\sum_{d=0}^{m-1} (x_{i-d\tau} - x_{j-d\tau})^2} \qquad (7\text{-}19)$$

5）如果高维空间中两个距离遥远的点在投射到低维空间中却变成两个邻近的点，那么 $\| X_i - X_j \|^{m+1}$ 一定会比 $\| X_i - X_j \|^m$ 大得多，因此称低维空间的点为伪邻近点，用数学语言描述即为

$$E(m) = \frac{\sqrt{\| X_i - X_j \|^{m+1} - \| X_i - X_j \|^m}}{\| X_i - X_j \|^m} \geqslant c_0 \qquad (7\text{-}20)$$

式（7-20）为 FNN 法的原始准则，式中，c_0 是阈值，建议 $c_0 \geqslant 10$ 或者 $c_0 \geqslant 15$。

但是式（7-20）成立的前提要求是时间序列无限长并且没有噪声，而实际情况通常无法达到这种条件，所以肯奈尔（kennel）等提出附加准则[19] 为

$$E(m) = \frac{\|X_i - X_j\|^{m+1}}{\sqrt{\frac{1}{N}\sum_{k=1}^{N}(x_k - \bar{x})^2}} > A_0 \tag{7-21}$$

式中，$\bar{x} = \frac{1}{N}\sum_{i=1}^{N}x_i$；$A_0$ 是阈值，通常取 $A_0 = 2$。

采用 FNN 计算 m 的具体过程：对于一个输入时间序列，首先利用互信息法选取最佳延迟时间；接着确定嵌入维数 m 的预估区间；然后对区间里的数值进行遍历，对每一个值都重构相空间；对于 m 维和 $m+1$ 维相空间中的每个点选取最近邻近点对并计算 $E(m)$。当 m 大于区间内某一个值时，$E(m)$ 不再改变，则认为此时相空间结构完全打开，$m+1$ 就是重构相空间的最优嵌入维数。

同样采用 Lorenz 系统中的含噪声分量来验证 FNN 嵌入维数选择的有效性，并可以确定该信号的重构相空间最佳延迟参数为 3，然后利用 FNN 计算不同嵌入维数下伪邻近率，如图 7-7 所示。附加准则对维数变化时重构相空间的伪邻近率并不敏感，随着维数增大，其伪邻近率有上升的趋势。提出的联合准则综合考虑了原始准则和附加准则。$m=4$ 时联合准则的伪邻近率最小，因此最佳的嵌入维数选择 $m=4$。

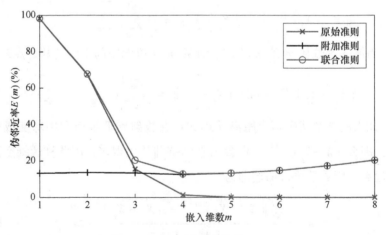

图 7-7 Lorenz 系统 x 分量 $E(m)$

3. 控制参数 α 的影响

控制参数 α 与 DSE 的符号映射紧密相关。序列元素在进行符号映射时，不仅取决于相邻两个元素的方差，还取决于控制参数 α。如果 α 取值较大，在符号映射时，被映射的中间两个类别的区间长度会被大幅压缩，这将导致大部分的序列元素会被映射到 1 或 4。反之，则会使大部分的元素映射到 2 或 4。因此，采用 Lorenz 系统研究控制参数 α 对 DSE 中符号映射的影响。

由于控制参数 α 不宜过大，所以试验设计 α 从 0.01 逐步增加到 1.99，步长为 0.05、嵌入维数选择 $m = 4$、延迟时间 $d = 3$、样本长度 $N = 3000$，通过 10 次的独立试验计算得到 DSE 均值方差图，具体结果如图 7-8 所示。从图 7-8 中可以看出，3 种加噪信号的 DSE 值在控制参数 α 增大时变化趋势相同。当 $\alpha = 0 \sim 0.3$ 时，3 种加噪信号的 DSE 值几乎重合，在 0.5 上下波动。由式（7-8）可知，较小的 α 会使 DSE 在进行序列映射时将大多数元素映射到 1 或 4，而几乎没有序列元素被映射到中间的 2 和 3，这就导致 3 种信号差异较小，因此它们得到的熵值几乎重叠。随着 α 的增大，4 个类别的分配区间逐渐合理，原始序列内的元素能够按照幅值间的差异被合理分配到不同的类别中，3 种信号的 DSE 值差距逐渐变大。当 $\alpha > 1.2$ 之后，中间两种类别的区间远大于两端类别的区间，绝大多数元素被映射到了 2 和 3，所以 3 种信号的 DSE 开始逐渐交叉，不再可分。因此，DSE 控制参数 α 一般在 0.6 ~ 1.2 之间选取，本小节选择 $\alpha = 0.9$。

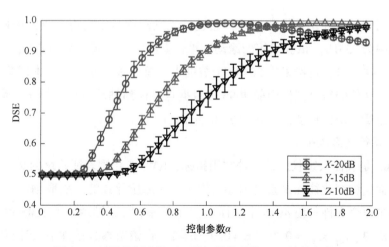

图 7-8　不同控制参数下 3 种加噪信号的 DSE 均值方差

7.2.3 轴承实测数据分析

1. 试验介绍

本小节使用的全寿命数据由美国辛辛那提大学、美国智能维护中心（李杰）Jay Lee 教授课题组提供[20]。滚动轴承试验台整体示意如图 7-9 所示。通过与 SE、FE、DE 进行对比，验证 DSE 对滚动轴承状态监测的有效性。

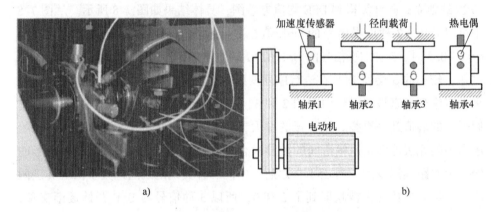

图 7-9 滚动轴承试验台整体示意

a）传感器布置图 b）轴承试验台和传感器放置图

该组轴承在终止采集数据时，通过拆机发现轴承 1 出现严重的外圈故障，故障频率为 235Hz。试验采用的滚动轴承数据集中采样频率为 20kHz，每 10 分钟采集一次信号，每次采集 20480 个数据点，总共采集 984 次。本试验分别抽取 984 个文件的每个文件中前 4096 个数据点，得到轴承运行初始全寿命数据。轴承 1 原始全寿命振动信号如图 7-10 所示。

2. 运行状态表征

RMS 是表征系统状态的一种常用指标，RMS 变化则表征系统的状态发生了变化，而这种变化往往是系统内部结构发生故障所导致的。提取轴承 1 全寿命数据集中每个文件的前 4096 个采样点，计算每个时刻轴承 1 的 RMS 值。设置 $m=4$、$d=3$、$r_{SE}=r_{FE}=0.15$、$\alpha=0.9$、$n=2$。在该组参数条件下，计算相同数据点的 SE、FE、DE 和 DSE 值作为轴承 1 的全寿命退化特征，所得结果如图 7-11 所示。

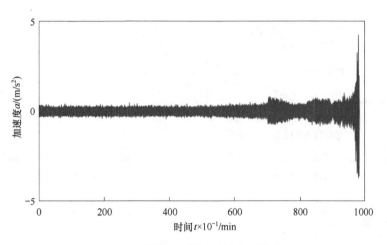

图 7-10 轴承 1 原始全寿命振动信号

从图 7-11 中可以看出，6 种指标总体上都具有单调性，除了 DE 的特征曲线是随着时间推移呈下降趋势，DSE、SE、FE、AE 和 RMS 五者的特征曲线都随着时间的推移呈现上升趋势。在前 500 个数据点中，每种指标都在某一个值附近保持不变，这意味着轴承 1 处于正常运行状态，故障尚未发生。在第 530 个数据点以后，所有的熵值出现弯折上升或下降趋势，表明轴承状态开始出现改变，可以视为轻度故障阶段的开始。在曲线的后半部分（第 700 个数据点以后），相比于 SE，其他 5 种指标曲线都出现了上升或下降的波动现象，开始出现明显的波峰和波谷。波峰即为轴承磨损程度已经达到此阶段的最大值，是损伤程度的极大值。波峰后曲线下降，出现波谷，这是由于滚动轴承故障点在冲击力的作用下逐渐被磨合变得光滑，导致振动幅值降低，这种现象被称为"治愈现象"[21]。

由以上分析可知，确定退化曲线的波峰与波谷之后，便可以掌握轴承损伤演变的过程，识别轴承当前所处的退化阶段。图 7-11a 中出现 4 个明显的波峰与波谷，根据退化规律，可以将它们与轴承损伤中的轻度、中度、严重和极其严重这 4 个类型相对应。图 7-11b 和图 7-11c 亦有类似现象，分析同 7-11a 图。对于图 7-11d 和图 7-11e 中的 AE 和 DE 曲线，虽然在第 700 个点以后出现了较为明显的波峰与波谷，但在第 530 个点附近并未出现运行状态的退化点，显然DE 和 AE 对于监测滚动轴承的早期故障不够灵敏。至于图 7-11f 的 SE 指标，在第 700 个点以后并未出现波峰与波谷，因此不能区分退化明显的阶段。

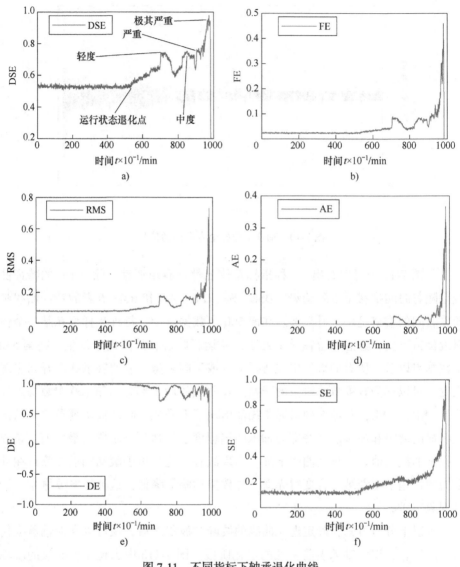

图 7-11　不同指标下轴承退化曲线

a）DSE　b）FE　c）RMS　d）AE　e）DE　f）SE

　　为了进一步验证本小节提出的 DSE 对于轴承退化阶段划分的准确性，对图 7-11a 中得到的各个阶段起始点进行功率谱分析。图 7-12a ~ f 分别表示轴承正常运行状态、轴承性能退化初始点、轻度故障发生点、中度故障发生点、严重故障发生点以及极其严重故障发生点的时域波形和功率谱分析。对于轴承正常运行状态，时域信号未出现明显的冲击成分，功率谱中未发现故障特征频率。在轴承运行状态退化点（534 点），时域信号中虽然未出现冲击成分，但通过功率谱发现了外圈故障特征频率 229.5Hz，此时的故障特征频率幅值为 0.1933m/s²，表明轴承外圈开始出现损伤。当轴承运行到 709 点时，时域信号开始出现冲击成分，此时的功率谱中特征频率幅值为 16.63m/s²，并且出现二倍频分量，这说明轴承开始出现明显的外圈故障。对于第 852 和 916 数据点，二者的时域信号没有明显区别，但在功率谱中其故障特征频率幅值相差大于 2 个单位，分别为 18.56m/s² 和 20.67m/s²，这表明轴承的外圈故障程度进一步加深。在轴承运行至 973 点时，其时域信号幅值相比于严重故障时扩大了一倍，特征频率幅值则扩大了 8 倍，说明轴承此时已经发生了严重的外圈故障。

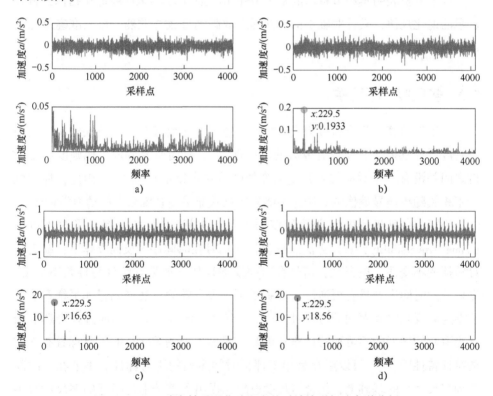

图 7-12　DSE 确定轴承退化阶段点的时域波形与功率谱分析

a) 第 530 点　b) 第 534 点　c) 第 709 点　d) 第 852 点

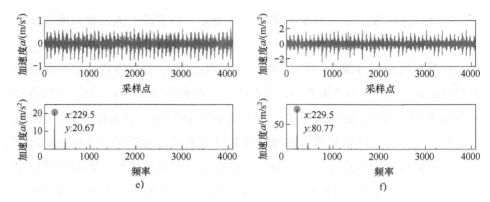

图 7-12　DSE 确定轴承退化阶段点的时域波形与功率谱分析（续）

e）第 916 点　f）第 973 点

以上分析表明本小节提出的基于 DSE 构建的滚动轴承性能退化指标，符合轴承的退化规律，其针对轴承的不同程度故障划分较为准确，可以准确追踪滚动轴承的运行状态。

7.3　多尺度时不可逆

基于熵的算法只能通过测量重复模式的出现（模板匹配）反映时间序列的规则度，即复杂性的损失有较大的周期性[22]。然而研究发现，规则度和复杂度之间并没有一一对应关系，复杂度伴随着更丰富的结构[23]。因此，那些赋予不相关随机信号熵值的算法并不能真实反映非平衡系统根本的动力学特征。

为了避免基于熵的复杂性量度的不足，文献［24-25］提出了时不可逆（Time Irreversibility，TI）算法。TI 算法中信号在时间序列反向操作下，缺乏统计特征的不变性。换言之，信号在时间反向操作下如果其统计特性是不变的，则信号的时间序列具有可逆性，TI 提供了一种有效的方法来测量非平衡系统的复杂度并反映时间序列的方向性[26]。TI 有多种评价指标，如何选择合适的指标提取时间序列的不可逆特征非常重要。Porta's 指标和 Guzik's 指标具有很好的统计特性[27-29]，可以组合后用于评价时间序列的不对称性。本节在对时间序列多尺度化的基础上，结合多尺度思想，提出了基于上述指标的多尺度时不可逆（Multiscale Time Irreversibility，MSTI）算法，用来提取时间序列在不同尺度下复杂性信息。

7.3.1　多尺度时不可逆算法

对于原始信号时间序列 $x=\{x(i),i=1,2,\cdots,N\}$，为了提取具有多重时间尺度的信息，通过构造一系列连续的粗粒时间序列来分析原始信号不同的分辨率 $\{y^{\tau}(j)\}$，其中 $1\leqslant j\leqslant N/\tau$，$N$ 表示数据长度。不同粗粒时间序列尺度被定义为

$$y_j^{(\tau)}=\frac{1}{\tau}\sum_{i=(j-1)\tau+1}^{j\tau}x_i \qquad 1\leqslant j\leqslant\frac{N}{\tau} \tag{7-22}$$

式中，τ 是尺度因子。对于尺度 $\tau=1$，时间序列 $\{y^1\}$ 就是原始时间序列，对于给定的 τ，原始时间序列被分割成长度为 N/τ 的粗粒化序列。

通过计算粗粒化时间序列 $\{y^{\tau}\}$ 两个邻近点之间的差 $\{y^{\tau}(k+1)-y^{\tau}(k)\}$，可获得相应的 Δy^{τ} 序列。由于不对称序列增加的量（$\Delta y^{\tau}>0$）等于减少的量（$\Delta y^{\tau}<0$）。有如下 3 个指标来测量不对称性。

1）Porta's 指标。该指标用于估计 $\Delta y\neq0$ 的总数中 $\Delta y(\Delta y^-)$ 小于 0 的百分比。计算式为

$$P=\frac{N(\Delta y^-)}{N(\Delta y\neq0)}100/\% \tag{7-23}$$

该指标范围为 0~100，不对称指标 $P>50\%$ 说明 Δy^- 的量比 Δy^+ 的量多。

2）Guzik's 指标。该指标用于估计所有 Δy 的累加平方值中正的 $\Delta y(\Delta y^+)$ 的平方和的百分比。计算式为

$$G=\frac{\sum_{j=1}^{N(\Delta y^+)}\Delta y^+(j)^2}{\sum_{j=1}^{N(\Delta y)}\Delta y(j)^2}100\% \tag{7-24}$$

该指标范围为 0~100，不对称指标 $G>50\%$ 说明 $|\Delta y^+|$ 的平均量比 $|\Delta y^-|$ 的平均量大，而且 Δy 的分布偏向正值。

3）Costa's 指标。该指标用于估计增量和减量百分比之间的差。计算式为

$$A=\frac{\sum H(-\Delta x)-\sum H(\Delta x)}{N(\Delta x\neq0)} \tag{7-25}$$

式中，H 是 Heaviside 函数（当 $a \geqslant 0$ 时，$H(a)=1$；当 $a<0$ 时，$H(a)=0$）。当 $A=0$ 时，时间序列是对称的。A 偏离 0 越远，则相应的时间序列越不可逆。

但是 Costa's 指标可以表示为：$A=P^{-}-P^{+}=2P^{-}-1$。所以本小节只考虑 Porta's 指标和 Guzik's 指标。然而，使用单一尺度数量化多尺度不对称是不合适的，应分别计算每一尺度的 P 和 G 的平均值，并将其作为多尺度不对称指标。

$$P_{\mathrm{m}} = \frac{1}{L} \sum_{\tau=1}^{L} P(\tau) \tag{7-26}$$

$$G_{\mathrm{m}} = \frac{1}{L} \sum_{\tau=1}^{L} G(\tau) \tag{7-27}$$

式中，L 是最大尺度。

根据 P_{m} 和 G_{m} 的定义可知，P_{m} 或 G_{m} 偏离 50% 越远，相应的时间序列越不可逆。然而，$P_{\mathrm{m}}=50\%$ 和 $G_{\mathrm{m}}=50\%$ 说明相应的序列是对称的。

对于一系列时间尺度，计算各个尺度的不对称值的总和，从而定义多尺度不对称指标 A_{I}。多尺度时不可逆算法计算步骤如下：

1）对于有限频率的采样时间序列 $\{x_1,x_2,\cdots,x_i,\cdots,x_N\}$，$1 \leqslant i \leqslant N$，以及给定的尺度因子 $\tau=1,2,\cdots,L$，可根据式（7-28）构造粗粒时间序列为

$$y_{\tau}(i) = \frac{x_{\tau+i} - x_i}{\tau} \qquad i \leqslant N - \tau \tag{7-28}$$

2）根据式（7-23）或式（7-24），计算每个粗粒时间序列的不可逆值 $A(\tau)$，$1 \leqslant \tau \leqslant L$

3）根据式（7-29）计算各个尺度的不对称值的总和，并将其作为多尺度时不对称指标 A_{I}。

$$A_{\mathrm{I}} = \sum_{\tau=1}^{L} A(\tau) \tag{7-29}$$

MSTI 方法通过衡量多尺度时间序列的时不可逆特性，提供了一种新的途径来测量非平衡系统在不同尺度下的复杂度。

7.3.2　仿真试验分析

为了验证多尺度时不可逆的分析效果，分别对高斯白噪声与 $1/f$ 噪声进行

多尺度时不可逆分析，数据长度为 5000，尺度 L 取 20。高斯白噪声和 $1/f$ 噪声的波形如图 7-13 所示。图 7-14 为高斯白噪声和 $1/f$ 噪声的多尺度时不可逆计算结果。由时不可逆的定义可知，在某个确定尺度下，其不对称值离零点越近，则信号在该尺度下的对称性越强；反之，不对称值离零点越远，则说明信号在该尺度下对称性越差。

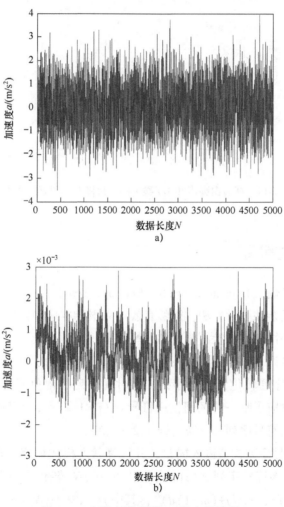

图 7-13　高斯白噪声和 $1/f$ 噪声的波形

a) 高斯白噪声波形　b) $1/f$ 噪声波形

从图 7-14 中看出，高斯白噪声不可逆指标值都在 50 附近，而 $1/f$ 噪声的不可逆指标值随着尺度因子的增大逐渐远离 50，这说明高斯白噪声对称性较强，所包含的信息较少，结构较简单，而 $1/f$ 噪声时不对称性较强，所包含的状态信息比高斯白噪声所包含的信息要复杂得多，结构较复杂。

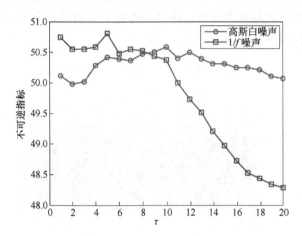

图 7-14　高斯白噪声和 $1/f$ 噪声的多尺度时不可逆计算结果

7.4　动力学符号熵

动力学符号熵（Dynamical Symbol Entropy，DSE）[30] 是最近刚提出的一种衡量时间序列复杂性度量方法，能够有效地克服样本熵和排列熵的不足，进一步提高动力学特性变化的检测精度和计算效率。

对于时间序列 $\{X_i\} = \{x_1, x_2, \cdots, x_N\}$，DSE 算法的计算步骤如下：

1）将时间序列转化为符号序列。将时间序列的幅值域划分为 ε 个区间，则每一个元素对应了唯一的区间，用符号 $\sigma_i(i=1,2,\cdots,\varepsilon)$ 替换时间序列中的元素，因此得到符号序列 $Z\{z(k), k=1,2,\cdots,N\}$。

2）基于符号序列构造嵌入向量，并计算状态模式概率。根据嵌入维数 m 和延迟时间 d，将符号序列 $Z\{z(k), k=1,2,\cdots,N\}$ 转化为一系列的嵌入向量 $Z_j^{m,\lambda}\{z(j), z(j+d), \cdots, z(j+(m-1)d)\}$，其中 $j=1,2,\cdots,N-(m-1)d$。每个子向量的符号排列模式都是唯一的，其中包含 m 个元素，每个元素的符号有 ε 种，因而一共有 ε^m 种符号排列状态模式。用 $q_a^{\varepsilon,m,\lambda}(a=1,2,\cdots,\varepsilon^m)$ 表示每个子向量符号排列的状态模式，状态模式 $q_a^{\varepsilon,m,d}$ 在所有子向量中出现的概率 $P(q_a^{\varepsilon,m,d})$ 可

以表示为

$$P(q_a^{\varepsilon,m,d}) = \frac{\parallel \{j : j \leqslant N - (m-1)d, \text{type}(Z_j^{\varepsilon,m,d}) = q_a^{\varepsilon,m,d}\} \parallel}{N - (m-1)d} \tag{7-30}$$

式中，$\text{type}(\cdot)$ 是从符号空间到模式空间的映射关系；$\parallel \cdot \parallel$ 是集合中元素的数目。

在状态模式概率的基础上，构建 $1 \times \varepsilon^m$ 的状态模式矩阵，状态模式矩阵的形式为

$$[P(q_1^{\varepsilon,m,d}), P(q_2^{\varepsilon,m,d}), \cdots, P(q_{\varepsilon^m}^{\varepsilon,m,d})] \tag{7-31}$$

3）计算状态迁移概率并构建状态迁移矩阵。符号序列可视为由一系列连续的状态模式组成的，相邻两个状态模式可视为由上一个状态模式迁移到下一个状态模式。在符号序列中，随着时间的推移，系统的属性由上一个元素符号转变到下一个元素符号。同理，上一个子向量的状态模式也将转变为下一个子向量的状态模式，即状态迁移。第二个状态模式的种类取决于第一个子向量之后出现的符号种类。当已经观测到状态模式 $q_a^{\varepsilon,m,d}(a = 1, 2, \cdots, \varepsilon^m)$ 时，之后出现的符号为 $\sigma_b(b = 1, 2, \cdots, \varepsilon)$ 的概率即为状态迁移概率，则

$$P(\sigma_b \mid q_a^{\varepsilon,m,d}) = P\{z(j+md) = \sigma_b \mid j : j \leqslant N - md, \text{type}(Z_j^{\varepsilon,m,d}) = q_a^{\varepsilon,m,d}\} \tag{7-32}$$

式中，ε 是符号数；ε^m 是状态模式数。状态迁移概率满足 $\sum\limits_{b=1}^{\varepsilon} P(\sigma_b \mid q_a^{\varepsilon,m,d}) = 1$，其另一种表达方式为

$$P(\sigma_b \mid q_a^{\varepsilon,m,\lambda}) = \frac{\parallel \{j : j \leqslant N - md, \text{type}(Z_j^{\varepsilon,m,d}) = q_a^{\varepsilon,m,d}, z(j+md) = \sigma_b\} \parallel}{N - md} \tag{7-33}$$

在状态迁移概率的基础上，构建 $\varepsilon^m \times \varepsilon$ 的状态模式矩阵，状态模式矩阵的形式为

$$\begin{pmatrix} P(\sigma_1 \mid q_1) & \cdots & P(\sigma_\varepsilon \mid q_1) \\ \vdots & \ddots & \vdots \\ P(\sigma_1 \mid q_{\varepsilon^m}) & \cdots & P(\sigma_\varepsilon \mid q_{\varepsilon^m}) \end{pmatrix} \tag{7-34}$$

4）根据信息理论中香农熵的定义，定义动力学符号熵 DSE 等于状态模式

概率熵和状态迁移概率熵之和。

$$\mathrm{DSE}(X,m,d,\varepsilon) = -\sum_{a=1}^{\varepsilon^m} P(q_a^{\varepsilon,m,d}) \ln P(q_a^{\varepsilon,m,d}) - $$

$$\sum_{a=1}^{\varepsilon^m}\sum_{b=1}^{\varepsilon} P(q_a^{\varepsilon,m,d}) P(\sigma_b \mid q_a^{\varepsilon,m,d}) \ln P(\sigma_b \mid q_a^{\varepsilon,m,d}) \qquad (7\text{-}35)$$

式中，m 是嵌入维数；d 是延迟时间；ε 是符号数。

由式（7-35）可知，当且仅当所有状态模式概率和状态迁移概率都相等时 $P(q_a^{\varepsilon,m,d}) = \dfrac{1}{\varepsilon^m}$，$P(\sigma_b \mid q_a^{\varepsilon,m,d}) = \dfrac{1}{\varepsilon}$，动力学符号熵 $\mathrm{DSE}(X,m,d,\varepsilon)$ 取得最大值为 $\ln(\varepsilon^{m+1})$。因此，通过式（7-36）将 DSE 进行归一化得

$$\mathrm{DSE}(X,m,d,\varepsilon) = \mathrm{DSE}(X,m,d,\varepsilon)/\ln(\varepsilon^{m+1}) \qquad (7\text{-}36)$$

由式（7-36）可知，DSE 的取值范围满足 $0 \leqslant \mathrm{DSE}(X,m,d,\varepsilon) \leqslant 1$。DSE 取值越大，说明时间序列的分布越随机、越不规律；DSE 取值越小，说明时间序列的分布越规律、周期性越强。

7.5 增量熵

增量熵（Increment Entropy，IncrEn）[31] 是最近提出的一种时间序列复杂性度量方法，类似于排列熵，IncrEn 不仅考虑了波动方向，还考虑了相邻元素之间的变化幅度。IncrEn 的计算步骤如下：

对于一个时间序列 $\{v(i), 1 \leqslant i \leqslant N\}$，其中 N 为数据长度，构造一个增量序列 $\{v(i), 1 \leqslant i \leqslant N-1\}$，其中 $v(i) = x(i+1) - x(i)$。增量熵计算还需确定嵌入维数 m。增量序列被分为 $N-m$ 个向量，每个向量有 m 个维度。每个向量的元素都被映射到一个由符号和序列组成的序列中。符号表示原始序列中相应的相邻元素之间的波动方向，它的可选值为 1、0、-1，分别表示上升、没有变化、下降；而大小则描述了这些相邻元素之间的变化幅度。因此，原始的时间序列被映射到每个向量有 $2m$ 个元素的 $N-m$ 个向量。设 q 为相邻元素之间变化的量化精度，对于 $2m$ 向量，则有 $(2q+1)^m$ 种可能的组合。设 w_n 为第 n 种组合，$Q(w_n)$ 为第 n 种组合的向量总数。因此每种组合的频率为 $P(w_n) = \dfrac{Q(w_n)}{N-m}$。

于是，增量熵的定义为

$$H(m) = -\frac{1}{m-1} \sum_{n=1}^{(2R+1)^m} P(w_n) \log P(w_n) \tag{7-37}$$

式中，$m-1$ 是标准化因子；$H(m)$ 的范围为 $\left[0, \dfrac{m\log(2q+1)}{m-1}\right]$。

7.6 时频熵

为了衡量振动信号时频域的复杂性，文献 [32] 提出了时频熵（Time Frequency Entropy，TFE）的概念。

对于原始信号 X，首先，通过 HHT（Hilbert-Huang Transform）计算其时频分布（HHT 谱）；其次，将所得时频平面等分为 n 个面积相等的时频块，并假设每块内的能量为 $W_i(i=1,2,\cdots,n)$，则整个时频平面的总能量为 E；最后，对每个时频块能量进行归一化处理，得到 $q_i = W_i/E$，则 $\sum_{i=1}^{n} q_i = 1$。

原始信号的时频熵定义为

$$S(q) = -\sum_{i=1}^{n} q_i \ln q_i \tag{7-38}$$

时频熵为不同状态下信号时频分布的复杂性提供了度量方法，通过计算信号的时频熵值，可以判断振动信号的复杂性变化规律，进而有效地用来评估机械设备的运行状态。

7.7 反向散布熵

反向散布熵（Reverse Dispersion Entropy，RDE）[33] 是一种新的非线性动态分析方法，以 PE 为理论基础，通过引入幅值信息和距离信息，在稳定性和区分性上表现良好。假设长度为 T 的时间序列 $X = \{x_1, x_2, \cdots, x_T\}$，RDE 的计算步骤如下：

1）正态分布函数映射。

$$y_i = \frac{1}{\sigma\sqrt{2\pi}} \int_{-\infty}^{x_i} e^{\frac{-(t-\mu)^2}{2\sigma^2}} dt \tag{7-39}$$

将时间序列 $X = \{x(i), i = 1, 2, \cdots, T\}$ 映射到 $Y = \{y(i), i = 1, 2, \cdots, T\}$ 范围内，$y(i)$ 范围在 $0 \sim 1$ 之间，其中 μ 表示期望、σ^2 表示方差。

2）线性变换。

$$z_i^c = \mathrm{int}(cy_i + 0.5) \tag{7-40}$$

将新序列 $Y = \{y(i), i = 1, 2, \cdots, T\}$ 映射到 $Z = \{z(i), i = 1, 2, \cdots, T\}$ 范围内，其中 int 为取整函数，c 为类别个数、$z(i)$ 是 $1 \sim c$ 的正整数。

3）相空间重构。

将 Z 重构成 L 个延迟时间为 d、嵌入维数为 m 的嵌入向量，由所有嵌入向量组成的矩阵可以表示为

$$\begin{pmatrix} \{z(1), z(1+d), \cdots, z(1+(m-1)d)\} \\ \vdots \\ \{z(j), z(j+d), \cdots, z(j+(m-1)d)\} \\ \vdots \\ \{z(L), z(L+d), \cdots, z(L+(m-1)d)\} \end{pmatrix} \tag{7-41}$$

式中，嵌入向量个数为 $T - (m-1)d$。

4）计算散布模式。

每个嵌入向量都可以映射到一个散布模式 π 中。所有可能的散布模式数量共有 c^m 种，因为每个嵌入向量共有 m 个分量，每个分量都可以是 $1 \sim c$ 之间的某个整数。

5）计算每种散布模式的概率。

第 i 个散布模式的相对概率可以表示为

$$P(\pi_i) = \frac{N'\{\pi_i\}}{T - (m-1)d} \qquad (1 \leqslant i \leqslant c^m) \tag{7-42}$$

式中，$P(\pi_i)$ 是第 i 个散布模式的个数与嵌入向量个数的比值；$N'\{\pi_i\}$ 是嵌入向量映射到第 i 个散布模式中的个数。

6）计算 RDE。

RDE 被定义为"到高斯白噪声的距离"，表示为

$$H_{\mathrm{RDE}}(X, c, m, d) = \sum_{i=1}^{c^m} \left(P(\pi_i) - \frac{1}{c^m} \right)^2$$

$$= \sum_{i=1}^{c^m} P(\pi_i)^2 - \frac{1}{c^m} \tag{7-43}$$

当 $P(\pi_i) = \dfrac{1}{c^m}$ 时，$H_{\mathrm{RDE}}(X, c, m, d)$ 达到最小值 0；当只有一个散布模式即

$P(\pi_i) = 1$ 时，$H_{\mathrm{RDE}}(X, c, m, d)$ 取得最大值 $1 - \dfrac{1}{c^m}$。所以，归一化的 RDE 可以表

示为

$$H_{\mathrm{RDE}} = \frac{H_{\mathrm{RDE}}(X, c, m, d)}{1 - \dfrac{1}{c^m}} \tag{7-44}$$

依据文献［33］，RDE 参数选择见表 7-2。

表 7-2　RDE 参数选择

参　　数	嵌入维数 m	类别数 c	延迟时间 d	数据长度 T
数值	2、3	4、5、6、7、8	1	$T \geq c^m$

参考文献

［1］张龙，黄文艺，熊国良. 基于多尺度熵的滚动轴承故障程度评估［J］. 振动与冲击，2014，33（9）：185-189.

［2］CHANWIMALUEANG T, MANDIC D P. Cosine similarity entropy: self-correlation-based complexity analysis of dynamical systems［J］. Entropy, 2017, 19（12）: 652-675.

［3］CHEN Z, LI Y A, Hierarchical cosine similarity entropy for feature extraction of ship-radiated noise［J］. Entropy, 2018, 20（6）: 425-439.

［4］WU S, WU C, LIN S, et al. Time series analysis using composite multiscale entropy［J］. Entropy, 2013, 15: 1069-1084.

［5］ALCARAZ R, ABÁSOLO D, HORNERO R, et al. Study of sample entropy ideal computational parameters in the estimation of atrial fibrillation organization from the ECG［C］. Computing in cardiology, 2010, 37: 1027-1030.

［6］王付广，李伟，郑近德，等. 基于多频率尺度模糊熵和 ELM 的滚动轴承剩余寿命预测［J］. 噪声与振动控制，2018，38（1）：188-191.

［7］BAILLIE D C, MATHEW J. A comparison of autoregressive modeling techniques for fault diagnosis of rolling element bearings［J］. Mechanical systems and signal processing, 1996, 10（1）: 1-17.

［8］YAN R, GAO R X. Approximate entropy as a diagnostic tool for machine health monitoring

［J］. Mechanical systems & signal processing, 2007, 21（2）：824-839.

［9］ YU J, CAO J Y, LIAO W H, et al. Multivariate multiscale symbolic entropy analysis of human gait signals［J］. Entropy, 2017, 19（10）：557（1-10）.

［10］ ZHANG Y, LIU H, WEI S, et al. To improve performance of entropy methods for analyzing physiological signals using a novel symbolic approach［C］. 2017 10th international congress on image and signal processing, biomedical engineering and informatics（CISP-BMEI）, 2017：1-6.

［11］ HUSSAIN L, AZIZ W, ALOWIBDI J S, et al. Symbolic time series analysis of electroencephalographic（EEG）epileptic seizure and brain dynamics with eye-open and eye-closed subjects during resting states［J］. Journal of physiological anthropology, 2017, 36（21）：1-12.

［12］ CAO Y, TUNG W-W, GAO J B, et al. Detecting dynamical changes in time series using the permutation entropy［J］. Physical review E, 2004, 70（4）：046217（1-7）.

［13］ YAO W, WANG J. Differential symbolic entropy in nonlinear dynamics complexity analysis［J］. Data analysis, statistics and probability, 2018.

［14］ 耿淑娟, 姚庆梅, 张明玉, 等. 非线性时间序列相空间重构参数选取方法研究［J］. 山东建筑大学学报, 2010, 25（6）：619-624.

［15］ MEASE K D, CHEN D T, SCHÖNENBERGER H, et al. Reduced-order entry trajectory planning for acceleration guidance［J］. Journal of guidance, control, and dynamics, 2002, 25（2）：257-266.

［16］ 孟庆芳. 非线性动力系统时间序列分析方法及其应用研究［D］. 济南：山东大学, 2008.

［17］ TAKENS F. Detecting strange attractors in turbulence［M］. Berlin：Springer- Verlag Berlin Heidelberg, 1981.

［18］ LIAO Z Q, SONG L Y, CHEN P, et al. An effective singular value selection and bearing fault signal filtering diagnosis method based on false nearest neighbors and statistical information criteria［J］. Sensors, 2018, 18（7）：22-35.

［19］ KENNEL M B, BROWN R, ABARBANEL H D I. Determining embedding dimension for phase-space reconstruction using a geometrical construction［J］. Physical review A, 1992, 45（6）：3403-3411.

［20］ QIU H, LEE J, LIN J, et al. Robust performance degradation assessment methods for enhanced rolling element bearing prognostics［J］. Advanced engineering informatics, 2003, 17（3/4）：127-140.

[21] 薛冬. 滚动轴承故障诊断及性能退化评估 [D]. 吉林：东北电力大学, 2019.

[22] COSTA M, GOLDBERGER A L, PENG C K. Multiscale entropy analysis of biological signals [J]. Physical review E statistical nonlinear & soft matter physics, 2005, 71 (1)：021906 (1-18).

[23] COSTA M D, PENG C K, GOLDBERGER A L. Multiscale analysis of heart rate dynamics：entropy and time irreversibility measures [J]. Cardiovascular engineering, 2008, 8 (2)：88-93.

[24] COSTA M, GOLDBERGER A L, PENG C K. Broken asymmetry of the human heartbeat：loss of time irreversibility in aging and disease [J]. Physical review letters, 2005, 95 (19)：198102 (1-4).

[25] VAN DER HEYDEN M J, DIKS C, PIJN J P M, et al. Time reversibility of intracranial human EEG recordings in mesial temporal lobe epilepsy [J]. Physics letters A, 1996, 216 (6)：283-288.

[26] COX D R, GUDMUNDSSON G, LINDGREN G, et al. Statistical analysis of time series：some recent developments [with discussion and reply] [J]. Scandinavian journal of statistics, 1981：93-115.

[27] DIKS C, VAN HOUWELINGEN J C, TAKENS F, et al. Reversibility as a criterion for discriminating time series [J]. Physics letters A, 1995, 201 (2)：221-228.

[28] CASALI K R, CASALI A G, MONTANO N, et al. Multiple testing strategy for the detection of temporal irreversibility in stationary time series [J]. Physical review E, 2008, 77 (6)：066204 (1-7).

[29] PRIGOGINE I, ANTONIOU I. Laws of nature and time symmetry breaking [J]. Annals of the New York academy of sciences, 1999, 879 (1)：8-28.

[30] 李永波. 滚动轴承故障特征提取与早期诊断方法研究 [D]. 哈尔滨：哈尔滨工业大学, 2017.

[31] LIU X, JIANG A, XU N, et al. Increment entropy as a measure of complexity for time series [J]. Entropy, 2016, 18 (1)：2234.

[32] YU D J, YANG Y, CHENG J S. Application of time-frequency entropy method based on Hilbert-Huang transform to gear fault diagnosis [J]. Measurement, 2007, 40 (9-10)：823-830.

[33] LI Y, GAO X, WANG L. Reverse dispersion entropy：a new complexity measure for sensor signal [J]. Sensors, 2019, 19 (23)：1-14.